U0170198

既有公共建筑低碳发展报告

李以通　尹　波　张　伟　主编

中国建筑工业出版社

图书在版编目（CIP）数据

既有公共建筑低碳发展报告 / 李以通, 尹波, 张伟
主编. -- 北京：中国建筑工业出版社, 2024.5
ISBN 978-7-112-29807-5

Ⅰ．①既… Ⅱ．①李… ②尹… ③张… Ⅲ．①公共建
筑-节能-研究报告 Ⅳ．①TU18

中国国家版本馆CIP数据核字（2024）第087559号

责任编辑：张幼平
责任校对：赵　力

既有公共建筑低碳发展报告

李以通　尹　波　张　伟　主编

＊

中国建筑工业出版社出版、发行（北京海淀三里河路9号）
各地新华书店、建筑书店经销
北京光大印艺文化发展有限公司制版
北京中科印刷有限公司印刷

＊

开本：787毫米×1092毫米　1/16　印张：11¼　字数：144千字
2024年6月第一版　　2024年6月第一次印刷
定价：58.00元
ISBN 978-7-112-29807-5
（42739）

本书编写委员会

主　编：李以通　尹　波　张　伟

副主编：魏　兴　张成昱　成雄蕾　王雯翡

参编人员：

陈　晨　彭建明　魏慧娇　孙雅辉　周广健

丁宏研　王　娜　曹　博　卞云龙　程雪皎

李思源　王亚文　王宇翔　耿云皓　付　铮

赵周洋　闵行博　康　宁　董小丽　刘原鑫

丁　磊　苏　栋

编著：中国建筑科学研究院有限公司
　　　国家建筑工程技术研究中心

前　言

气候变暖已成为全球面临的最紧迫的挑战之一，在此大背景下，党的二十大提出实施新型城镇化战略、城市更新行动，积极稳妥推进碳达峰碳中和。在第二十八届联合国气候变化大会（COP28）上也正式发布了十大中国务实行动，其中，推动城乡建设绿色发展，大幅减少建筑领域碳排放是十大中国务实行动之一。截至 2021 年底，我国已建成的既有建筑面积总量约为 700 亿 m^2，其中公共建筑近 150 亿 m^2，占比约 20%；建筑运行碳排放总量约为 22 亿 tCO_2，其中公共建筑运行碳排放约为 7 亿 tCO_2，占比却达到 33%。既有公共建筑运行碳排放在四大用能分项中占比最高，因此，既有公共建筑低碳改造成为大幅减少建筑领域碳排放的重点任务和必然途径。

本书全面、系统调研了我国不同气候区、不用建筑类型的既有公共建筑碳排放水平，总结了既有公共建筑低碳发展存在的问题。首先，分情景对既有公共建筑碳排放总量进行了预测，并提出了建筑规模控制、碳排强度控制、用能结构优化、碳排因子控制的既有公共建筑低碳发展路径。其次，在低碳改造设计和运行管理等方面，分别提出了相应的设计方法和关键技术。最后，选择不同气候区的典型低碳运行公共建筑案例，详细介绍了典型适用技术和实际减碳运行效果。希望本书的出版，能为推动既有公共建筑低碳改造提供参考和借鉴。

本书出版受中国建筑科学研究院有限公司科研基金课题"居住建筑和公共建筑低碳、碳中和设计方法与关键技术研究"（20222001330730006）资助，特此致谢。

作为既有公共建筑低碳发展的探索，书中难免存在不足和争议之处，恳请广大读者们批评指正、共同探讨，一起推动既有公共建筑低碳发展，实现城乡建设领域碳达峰碳中和目标。

编委会

2024 年 4 月

目　录

1 建筑领域低碳发展综述

1.1 全球气候变化及建筑领域低碳发展

1.1.1 全球气候变化趋势

过去 100 年里，工业革命的发展推动了全球经济水平不断提升，化石能源作为最主要的不可再生能源，是人类社会生存发展的重要基础，攸关国家竞争力和国计民生。1970 年以来，人类活动大量消耗化石能源，引起温室气体排放总量持续增加，且伴随人口增长和经济发展不断提升，全球气候变暖进程进一步加速。如何减少对化石能源的依赖、解决环境问题所产生的危害成为当今国际社会面临的首要问题。

2023 年 3 月，国际能源署（lnternational Energy Agency，简称 IEA）发布《2022 年全球 CO_2 排放》报告并提出，2022 年全球与能源相关的二氧化碳排放量再创新高，达到 368 亿 t 以上，比上年增加 3.21 亿 t，增幅为 0.9%[1]（图 1.1-1）。

在区域碳排放方面，欧盟委员会联合研究中心（European Commission's Joint Research Centre，简称 JRC）、国际能源署（IEA）、荷兰环境评估机构（Netherlands Environmental Assessment Agency，简称 NEAA）于 2022 年 10 月联合发布了《世界各国的二氧化碳排放量 2022 年报告》。该报告统计了 2021 年各国的碳排放数据，结果显示，中国、美国、欧盟 27 国、印度、俄罗斯和日本仍然是全球最大的二氧化碳排放国。这

图 1.1-1　全球能源相关的温室气体排放（1900～2022 年）

些国家合计占全球人口的 49.2%，占全球国内生产总值的 62.4%，占全球化石燃料消耗量的 66.4%，占全球化石二氧化碳排放量的 67.8%[2]（图 1.1-2）。

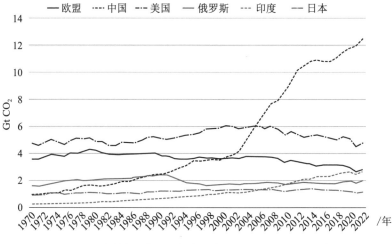

图 1.1-2　全球主要的温室气体排放国家（1970～2021 年）

碳排放的增长是全球温室效应和气候变暖的主要原因之一，常见的温室气体，如二氧化碳、甲烷和氧化亚氮等，会在大气中停留并吸收地球表面反射的热量，形成一种无形的"玻璃罩"，使太阳辐射到地球上的热量无法向外层空间反射，从而导致地球表面温度上升（图 1.1-3）。

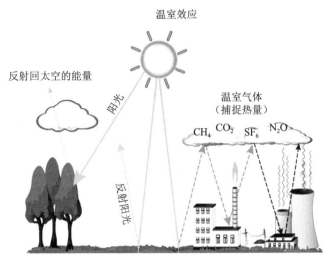

图 1.1-3　温室效应产生原理

联合国政府间气候变化专门委员会（Intergovernmental Panel on Climate Change，简称 IPCC）最新发布的第六次评估报告《气候变化 2021：自然科学基础》指出，1850～1900 年以来，全球地表平均温度已上升约 1℃（图 1.1-4），2011～2020 年全球平均地表温度相较 1850～1900 年上升了 1.09℃，从未来 20 年的平均温度变化来看，全球温升预计将达到或超过 1.5℃[3][4]。

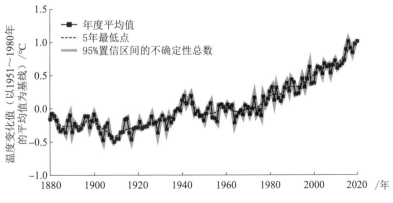

图 1.1-4　全球地表平均温度变化曲线

温室效应和气候变暖对全球生态环境、经济发展和社会稳定产生了严重影响。首先，气候变暖导致极地冰川融化、海平面上升，对沿海城市和低洼地区造成严重威胁；其次，气候变暖改变了降水分布和气候条件，导致干旱、洪涝、风暴等极端气候事件频发，对农业、水资源、生态系统和人类生活产生巨大影响；再次，气候变暖还可能加剧生物多样性丧失、生态系统破坏、公共卫生问题等社会经济挑战。气候变化将对全球生态环境、经济发展和社会稳定产生严重影响。

1.1.2　国际气候应对措施

为了应对全球气候变暖给人类经济和社会发展带来的不利影响，国际社会于 1992 年达成了《联合国气候变化框架公约》，并在此框架下于 1997 年进一步签署了《京都议定书》，鼓励各个国家以自主承诺的方式减排温室气体。2015 年 12 月，近 190 个缔约方达成一致，通过了关于气候变化的《巴黎协定》，其长期目标是把全球平均气温较工业化前水平升幅控制在 2℃之内，并为把温升控制在 1.5℃之内而努力。2016 年 10 月，《蒙特利尔议定书》第 28 次缔约方会议形成了关于氢氟碳化物（HFCs）削减的《基加利修正案》，推动了巴黎气候大会商定的"到本世纪末将全球气温上升幅度控制在 2℃以内"的目标进程。

2017 年，英国、法国、日本等 29 个国家签署《碳中和联盟声明》，承诺在 21 世纪中叶实现零碳排放；2019 年 9 月的联合国峰会上，66 个国家承诺实现碳中和目标，并组成气候雄心联盟，致力于采取强有力的行动应对气候变化紧急情况，以达成到 2050 年实现净零排放的承诺。2020 年 5 月，全球 449 个城市参与了由联合国气候专家提出的零碳竞赛，102 座城市在公开场合承诺将在 2050 年前实现净零碳排放。2022 年 10 月，零碳使命国际气候峰会于北京召开，各国际组织、气候变化领域权威机构共 70 位嘉宾参与峰会，就全球碳中和、绿色金融、能源转型、绿色建筑等话题进行分享和讨论，旨在集聚各方资源，充分调动企业参与应对气候变化的积极性。

自 1992 年《联合国气候变化框架公约》签订，到 1997 年制定《京都议定书》，2015 年通过《巴黎协定》，2017 年签署《碳中和联盟声明》，到 2022 年召开零碳使命国际气候峰会，全世界为应对全球变暖作出了不懈努力，工作重点从应对气候变化转为关注碳排放，绿色低碳发展已成为全球共识。

2023 年 9 月，清华大学碳中和研究院、环境学院在众多专家的联合支持下，编写了《2023 全球碳中和年度进展报告》。该报告指出，截至 2023 年 9 月，全球已有 151 个国家提出碳中和目标，覆盖全球 92% 的 GDP、89% 的人口和 88% 的碳排放，其中 139 个国家将实现碳中和目标的年份设定为 2050 年及 2050 年以后，12 个国家承诺在 2050 年以前实现碳中和[5]。

对比提出碳中和目标的国家，从发展阶段看，德国、英国、法国等发达国家早在 1990 年就实现了碳达峰，美国、加拿大、澳大利亚等发达国家在 2000～2006 年已实现碳达峰（图 1.1-5）。发达国家提出的碳中和目标和面对气候变化的应对措施，可有效指导我国以更高效、

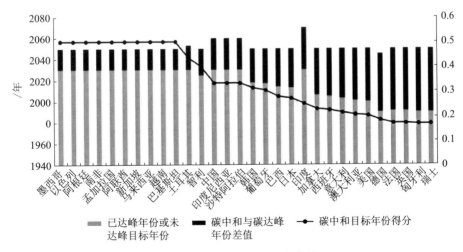

图 1.1-5　分国家碳中和目标年份

可持续的方式应对气候变化挑战。

欧盟 27 国：2019 年 12 月，欧盟发布了应对气候变化、推动可持续发展的《欧洲绿色协议》，并于 2021 年 6 月发布《欧洲气候法》，提出在 2030 年进一步将温室气体净排放量至少减少 55%，并最终在 2050 年实现"气候中和"，将"碳中和"发展目标纳入了欧盟法律。截至 2023 年 8 月，欧盟围绕《欧洲绿色协议》共制定了涵盖能源、工业、建筑、交通等重点排放领域，涉及居民消费、循环经济、绿色金融、人才教育、市场机制、科技创新等方面，支持欧盟绿色转型的数十项配套政策。在能源方面重点开发清洁能源，经济方面推行《循环经济行动计划》，在建筑业领域大力推行建筑数字化管理，在交通领域积极发展可持续智能交通。此外，欧盟还通过保护恢复生态系统和生物多样性、修订空气质量标准、制定碳边境调节机制等手段进一步应对气候变化。欧洲投资银行也启动了相应的气候战略和能源贷款政策，到 2025 年将把与气候和可持续发展相关的投融资比例提升至 50%[6]。

英国：2019 年，英国政府修订了《气候变化法案》，并于 2021 年 5 月发布了《绿色工业革命十项计划》。该计划提出了到 2050 年实现净零排放的目标，并包含了一系列的政策和措施：增加低碳电力供应；发展高效的低碳建筑供暖；推动电动汽车的使用；加强碳捕获技术的发展；推广氢能的使用；停止使用可生物降解的垃圾填埋场；逐步削减含氟气体以及在农场实施碳减排[7]。

法国：2020 年 4 月，法国制定并通过"国家低碳战略"，并颁布法令，设定 2050 年实现碳中和的目标。根据法令，法国建立了碳预算制度，依法制定法国国内绿色增长与能源转型的时间表。为保障减排目标完成，法国出台了若干配套政策措施：在建筑方面，实现节能监管，到 2050 年前实现所有建筑符合"低能耗建筑"的目标；在农林业方面，以生物基产品替代高耗能材料、植树造林发展生物资源、监测物种多样性；在工业方面，提高碳价格和能源系统灵活性；在废弃物方面，回收废弃物中的能源或物料、严禁生产过剩现象发生、减少甲烷扩散等[8]。

日本：2020年12月，日本政府发布《2050年碳中和绿色增长战略》，提出将于2050年实现净零排放，并为海上风电、电动汽车等14个领域设定不同的发展时间表，旨在通过技术创新和绿色投资的方式加速向低碳社会转型。《战略》主要从四个方面给出了气候应对措施：在能源方面，大力发展氢能和核能，开发海上风电技术；在工业方面，建设绿色数据中心；在交通运输方面，开发清洁电池技术和推行氢、氨燃料使用；在建筑方面，推行智慧化用能管理和推行太阳能建筑。此外，日本经济产业省将通过监管、补贴和税收优惠等激励措施，动员超过240万亿日元的私营领域绿色投资，力争到2030年实现90万亿日元的年度额外经济增长，到2050年实现190万亿日元的年度额外经济增长[9]。

美国：2021年11月，美国政府发布了《迈向2050年净零排放的长期战略》，对截至2020年12月美国所有领域的气候相关政策与行动进行了详细评估，旨在使美国实现2030年将碳排放较2005年减少50%～52%的中期目标，并公布了美国实现2050年碳中和终极目标的时间节点与技术路径。在未来30年内，美国计划通过清洁电力投资、交通和建筑电气化、零碳工业转型、加强气候智能型农业实践等措施，以支撑构建更可持续、更具韧性和更公平的发展愿景[10]。（表1.1-1）

发达国家气候应对措施 表1.1-1

国家	发布文件	目标	气候应对措施
欧盟	《欧洲绿色协议》《欧洲气候法》	2030年较1990年降低55%；2050年实现净零排放	开发清洁能源、推行循环经济、推行建筑数字化管理水平、发展可持续智能交通、保护生态系统和生物多样性、修订空气质量标准、制定碳边境调节机制

国家	发布文件	目标	气候应对措施
英国	《气候变化法案》《绿色工业革命十项计划》	2050年实现净零排放	低碳电力供应和低碳建筑供暖、推广电动汽车、推行碳捕获技术、推广氢能使用、停止使用可生物降解的垃圾填埋场、削减含氟气体、实施农场碳减排
法国	"国家低碳战略"	2050年实现净零排放	建立了碳预算制度、实现节能监管并推行建筑物翻新、以生物基产品替代高耗能材料、植树造林发展生物资源、提高碳价格和能源系统灵活性、回收废弃物中的能源或物料
日本	《2050年碳中和绿色增长战略》	2050年实现净零排放	发展氢能和核能、开发海上风电技术、建设绿色数据中心、开发清洁电池技术、智慧化用能管理、推行太阳能建筑
美国	《迈向2050年净零排放的长期战略》	2030年减少到2005年的50%～52%；2050年实现净零排放	清洁电力投资、交通和建筑电气化、零碳工业转型、加强气候智能型农业实践

1.1.3　发达国家建筑领域低碳发展

随着全球气候变化问题日益严重，各国对低碳国家集团发展的重视程度也在不断提高。欧盟、英国、日本、美国等发达国家表现出了强烈的决心和行动力。从1992年签订《联合国气候变化公约》到近几年提出面向2050年的碳中和战略规划，这些国家高度重视建筑领域的碳减排，采取了一系列碳减排措施，主要包括完善低碳政策机制、建立节能标准体系、推行建筑低碳改造、落实财政金融补贴四方面。上述发达国家在建筑低碳发展方面的先进经验，可为我国推动建筑节能降碳，乃至促进既有公共建筑低碳发展提供参考。

（1）完善低碳政策机制

欧盟通过颁布一系列政策法令及设立具有约束性的战略目标，指导欧盟各国建筑领域低碳发展。自2002年欧洲议会和欧盟理事会通过《建筑能效指令2002/91/EC》以来，2010年和2018年先后两次对该指令进行了修改和完善。2018年版的建筑能效指令直接设定建筑能效目标，要求成员国必须制定长期战略，全面脱碳并大幅减少全部住宅和非住宅建筑的能源消耗[11]。此外，欧盟委员会宣布了清洁能源一揽子计划，于 2019 年推出了"绿色新政"，围绕碳中和目标提出了 7 个重点领域的关键政策与核心技术，旨在 2050 年实现整个欧盟净零排放的战略目标[12]。

英国自 1972 年首次在《建筑条例》中设置节能篇后不断提高建筑节能要求。2002 年，英国制定了《建筑能效标识和检验条例》，以确保建筑的能效水平得到实际提升；2008 年，英国颁布了世界上首个以法律形式明确设定减排目标的法案——《气候变化法案》；2010 年，英国进一步制定实施了《建筑能效条例》，旨在通过法规手段推动建筑节能；2017 年，英国政府宣布了一项以能效为核心的清洁增长战略。这一系列政策和法规的实施，充分展示了英国在建筑节能方面的决心和行动力。

日本经济产业省和国土交通省等部委联合创立了专门的建筑节能推广机构"创建低碳社会建筑节能推广委员会"，重点开展推进新建建筑节能、推动零能耗居住建筑和公共建筑认证、通过补贴和调整税率推动既有建筑节能改造、推动可再生能源的大面积应用、建筑全寿命期减碳等相关工作。在政策和法律方面，日本自 1950 年以来陆续发布了《建筑基准法》《节约能源法》《住宅节省能源基准》《建筑废弃物再资源化法》等，建立了完善的建筑节能法律体系，规定了建筑全寿命期的节能要求。

美国设立了中央和地方二级节能管理部门，其中美国能源署是最主要的能源政策制定及管理部门，在其指导下，地方政府节能管理部门负责开展政策实施及管理工作。在政策机制方面，美国政府自 1975 年以来陆续颁布实施了《能源政策和节约法》《新建筑物结构中的节能法规》《节能政策法》《国家能源政策法》《国家能源政策法案》和

《节能建筑法案》，法律明确了建筑节能的标准和目标，对美国的节能降碳工作产生了深远影响。

（2）建立节能标准体系

1990年，英国建筑研究所（Building Research Establishment，简称BRE）创造性地制定了世界上第一个绿色建筑评估体系BREEAM（Building Research Establishment Environmental Assessment Method），该体系是全球范围内广泛使用的绿色建筑评估方法之一。2010年，英国发布了《可持续建筑规范》，该规范中的第六级代表最节能、可持续水平最高的建筑，被认为达到"零碳"水平。同年10月，英国标准协会发布了PAS2060，这是全球第一个碳中和认证的国际标准，提出了达成碳中和的三种可选择方式：基本要求方式、考虑历史已实现碳减排的方式、第一年全抵消方式，此外，该标准对实现碳中和的抵消信用额进行了明确规定。

2001年，日本政府联合科研团队共同开发了"建筑物综合环境性能评价体系"（Comprehensive Assessment System for Building Environmental Efficiency，简称CASBEE）。CASBEE不仅全面评价了建筑的环境品质和对资源、能源的消耗，还分析了建筑对环境的影响。2013年，为了提高建筑节能效率，日本政府将居住建筑节能标准和公共建筑节能标准进行整合，形成一项统一标准——《建筑节能标准2013》。该标准更新了建筑能耗计算方法，充分考虑了供热供冷、通风、照明、热水、电梯这5个建筑系统，进一步规范和指导日本建筑行业的节能设计、施工及管理。

美国的建筑节能标准相关工作主要由国家标准局（National Bureau of Standards，简称NBS）研究所开展。在能效标准规范方面，制定了国际节能规范（International Energy Conservation Code，简称IECC）和ASHRAE标准，对住宅和商用建筑能效等提出了强制性要求。在评价标准方面，1998 年，美国绿色建筑协会建立并发布了能源与环境设计先导评价标准《绿色建筑评估体系》（*Leadership in Energy & Environmental Design Building Rating System*，简称 LEEDTM），该标准是目前世界各国绿色建筑及可持续性评估标准中最完善、最有影响力的。近年来，零能耗和零碳建筑成为美国建筑节能的主要发展方向，2018 年，美国 Architecture 2030 组织发布《零碳建筑规范》，该规范目前已被美国加利福尼亚州政府采用；2020 年 12 月，美国提出"零碳排放行动计划"（Zero Carbon Emission Action Plan，简称 ZCAP），提议出台一项新的建筑能源法规（National Energy Code of Canada for Buildings，简称 NECB），以确保 2025 年之后的新建房屋使用低碳技术和材料，实现建筑零碳发展。

（3）推行建筑低碳改造

英国政府于 2021 年 5 月发布了《绿色工业革命十项计划》，其中提出投入约 10 亿英镑并吸引大约 110 亿英镑的私营部门投资，使新老住宅、公共建筑变得更加节能、更加舒适；到 2028 年，每年安装 60 万台热泵使得住宅、学校和医院变得更加绿色清洁、保暖和节能。

法国政府近年来将推进公共建筑节能改造作为实现经济复苏和生态转型的抓手之一，采取多种措施推进相关改造项目，助力国家碳中和目标的实现。为减少公共建筑的能耗和碳排放，法国政府 2020 年 9 月推出了一项总额 40 亿欧元的公共建筑节能改造计划，用于资助公共建筑更换锅炉、窗户、照明设备、保温材料。据法国经济和财政部介绍，该计划覆盖文博机构、学校、养老机构等公共设施，共涉及近 4000 个项目，完成改造后预计将减少 4 亿~5 亿 kWh 的能耗，并在 2021~2023 年间创造 2 万~3 万个工作岗位。2022 年 8 月，法国总理博尔内宣布成立总额为 15 亿欧元的"绿色基金"，用于学校等公共建筑的能源改造以及社区绿色建设[13]。

（4）落实财政金融补贴

在金融政策方面，英国政府制定了推行建筑能效证书、税收减免、开征能源税、节能补贴等在内的金融补贴政策。根据出台的《建筑能效法规（能源证书和检查制度）》，建筑能效证书包括住宅建筑能效证书（Energy Performance Certificate，简称 EPC）、公共建筑展示能效证书（Display Energy Certificate，简称 DEC）两种。此外，英国政府设立了节能信托基金，可为住宅节能改造提供资金支持，为节能设备投资和技术开发项目提供贴息贷款等。

日本政府推出了一系列财政激励补贴项目。如 2008 年推出的"建筑减碳赠款项目"和"节能改造赠款项目"；2009 年推出"环保住宅项目"；2012 年，为推动居住建筑以零能耗为目标进行设计建造，推出"零能耗住宅全赠款政策"，相关项目总预算为 3890 亿日元；2021 年，日本设立"绿色住宅积分"制度，对符合节能标准的新建或改造住宅提供最高上百万日元的换购补贴。

美国从中央和地方两个层级制定建筑节能激励政策以推动建筑节能发展。联邦政府层面对新建建筑实施税收减免政策，凡在国际节能规范（IECC）标准基础上节能 30% 以上或 50% 以上的新建建筑，每套可分别减税 1000 美元和 2000 美元。州政府和地方政府主要采用减少检查和获得许可证的费用、税收抵免、提高审批效率等方式。

1.2　中国"双碳"战略背景

1.2.1　我国碳排放现状

2023 年 4 月发布的《中国低碳经济发展报告蓝皮书（2022—2023）》指出，长期以来中国二氧化碳排放量与经济增长保持同步的态势，说明了中国的经济增长主要还是依靠粗放型的资源消耗带动，经济增长未实现与碳排放脱钩[14]。2000 年以前，中国二氧化碳排放量增速基本稳定在 5% 左右。根据英国牛津大学的 Leszell 创建的 OurWorldinData 相关数据，中国自 2001 年加入世界贸易组织后，经济快速发展，燃煤发电量显著增加，CO_2 排放量增加了三倍多，自 2006 年起超越美国，成为世界上最大的 CO_2 排放国家。2011 年以后，中国开始实行较为严格的环保政策，再加上节能减排技术的应用以及居民环保意识的加强，碳排放增速开始下降。基本保持在 5% 以下（图 1.2-1）。截至 2021 年年底，中国累计 CO_2 排放量达 2884 亿 t，占全球 11.4%[15]（图 1.2-2）。预计"十四五"期间，中国 CO_2 排放量增速将继续保持相对平稳，CO_2 排放总量基本维持在 100 亿 t 左右。

国际能源署（IEA）于 2023 年 3 月发布的《2022 年全球 CO_2 排放》报告指出，2022 年，中国能源相关的 CO_2 排放量相对平稳，下降了 0.2%（2300 万 t），降至 121 亿 t 左右，约占全球碳排放总量的 1/3，这是自 2015 年以来的首次年度总量减少[16]。其中，伴随着煤炭使用的增加，能源燃烧的 CO_2 排放量增加了 8800 万 t，但工业过程排放量的下降抵消了这一影响。

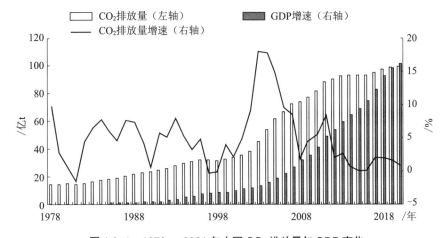

图 1.2-1　1978 ～ 2021 年中国 CO_2 排放量与 GDP 变化

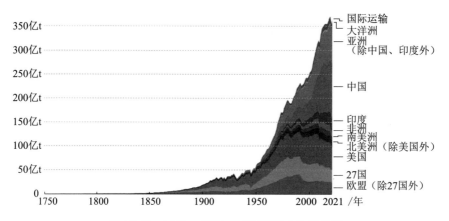

图 1.2-2　1750 ～ 2021 年各国累计 CO_2 排放量

在碳排放区域分布方面，据相关文献计算分析，华东地区作为国内电力、冶炼等高碳重工业的重点分布区域，区域碳排放占全国的比重最高，在 30% 左右，但在碳排放控制和回收技术方面相对国内其他区域较好；华北地区是全国第二大碳排放区域，占比在 20% 左右，该区域是全国煤炭生产和消费的重点区域，且在碳排放控制及回收技术方面相对东部沿海区域较为落后，如果该现状继续维持，未来该区域将有可能成为国内第一大碳排放区域；华中地区作为国内人口分布最为密集的地区，是全国第三大碳排放区域，工业生产和人们日常生活中的碳排放相对西部地区为高；华南地区和西南地区在碳排放方面的差异相对较小[17]。

从碳排放来源来看，我国碳排放主要来自能源（包括能源供给以及能源消耗）领域。据国际碳行动伙伴组织（International Carbon Actio，简称 ICA）统计数据显示，2020 年，我国能源领域的碳排放占全国碳排放总量的 77%，工业过程碳排放占全国碳排放总量的 14%，农业及废弃物碳排放占比分别为 7% 和 2%[18]。

在碳排放构成方面，我国建筑碳排放占比较高，建筑领域是我国

"双碳"工作中的关键环节，对全方位迈向低碳社会具有重要意义。根据《中国建筑能耗研究报告2022》，2020年我国碳排放总量为99.74亿t，其中建筑与建造碳排放总量为50.8亿t（CO_2），占全国碳排放总量的比重为50.9%。在建筑碳排放中，建材生产阶段碳排放28.2亿t（CO_2），占全国碳排放总量的比重为28.2%；建筑施工阶段碳排放1.0亿t（CO_2），占全国碳排放总量的比重为1.0%；建筑运行阶段碳排放21.6亿t（CO_2），占全国碳排放总量的比重为21.7%[19]。面对较大的碳减排压力，建筑行业减碳任重而道远，应寻求节能环保的绿色低碳发展道路，助力"双碳"目标顺利实现。

1.2.2 "双碳"战略的提出

面对全球范围内开展气候行动的发展趋势，我国高度重视应对气候变化。作为世界上最大的发展中国家，我国克服自身经济、社会等方面困难，自20世纪90年代起采取了一系列应对气候变化的措施和行动（图1.2-3），主动承担起大国责任，为实现人类社会的健康发展作出努力。

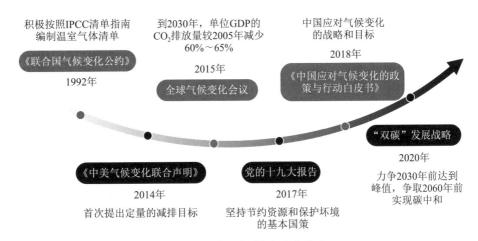

图1.2-3 中国应对气候变化战略

　　基于 1992 年的《联合国气候变化公约》，我国积极按照 IPCC 清单指南编制温室气体清单。伴随着 2000 年后的经济腾飞，我国温室气体排放量不断增长，发达国家不断对我国施压，要求我国承担与发达国家同等的减排责任。

　　党的十八大以来，在习近平生态文明思想指引下，中国贯彻新发展理念，将应对气候变化摆在国家治理更加突出的位置，不断提高碳排放强度削减幅度，不断强化自主贡献目标，以最大努力提高应对气候变化力度，推动经济社会发展全面绿色转型，建设人与自然和谐共生的现代化。2014 年 11 月，习近平主席与美国总统奥巴马签署了《中美气候变化联合声明》，首次提出定量的减排目标，并将自主减排承诺提交给了联合国。为了积极回应国际上低碳发展的战略需求，自 2015 年起，我国将应对气候变化列为国家重大战略和生态文明建设的重要举措。2015 年 11 月，中国政府在巴黎召开的全球气候变化会议上作出了"到 2030 年，单位 GDP 的 CO_2 排放量较 2005 年减少 60%～65%"的承诺。2017 年 10 月，习近平总书记在中国共产党第十九次全国代表大会报告中指出，坚持人与自然和谐共生，必须树立和践行绿水青山就是金山银山的理念，坚持节约资源和保护环境的基本国策。2018 年，国务院刊发《中国应对气候变化的政策与行动白皮书》，阐述了气候变化对中国的影响以及中国应对气候变化的战略和目标。

　　2020 年 9 月，习近平主席在第七十五届联合国大会一般性辩论上提出，中国将提高国家自主贡献力度，采取更加有力的政策和措施，CO_2 排放力争于 2030 年前达到峰值，努力争取 2060 年前实现碳中和。2030 年前实现碳达峰是指二氧化碳（CO_2）的达峰，而 2060 年前要实现碳中和不仅包括二氧化碳，还包括甲烷、氢氟碳等温室气体[20]。相比 2015 年提出的自主贡献目标，时间更紧迫，碳排放强度削减幅度更大，非化石能源占一次能源消费比重再增加五个百分点，增加非化石能源装机容量目标，森林蓄积量再增加 15 亿 m³。

近年来，我国制定并发布碳达峰碳中和工作顶层设计文件，编制 2030 年前碳达峰行动方案，制定能源、工业、城乡建设、交通运输、农业农村等分领域分行业碳达峰实施方案，积极谋划科技、财政、金融、价格、碳汇、能源转型、减污降碳协同等保障方案，进一步明确碳达峰碳中和的时间表、路线图、施工图，加快形成目标明确、分工合理、措施有力、衔接有序的政策体系和工作格局，全面推动碳达峰碳中和各项工作取得积极成效。

当前，中国已全面建成小康社会，正开启全面建设社会主义现代化国家、实现中华民族伟大复兴的新征程。应对气候变化是中国高质量发展的应有之义，既关乎中国人民对美好生活的期待，也关系到各国人民福祉。"双碳"战略的提出，是我国应对全球气候变化问题的大国责任担当的重要体现和顺应时代发展的必然之举，也是我国经济能源结构、生产生活方式转型的关键举措。

1.3 建筑低碳发展相关政策

1.3.1 国家层面建筑低碳发展宏观政策

在习近平主席提出力争"2030 年前碳达峰、2060 年前实现碳中和"的目标后，国家层面积极构建碳达峰碳中和政策体系，国民经济和社会发展"十四五"规划、中央经济工作会议等均提出明确战略部署；成立中央层面碳达峰碳中和工作领导小组，组织制定并陆续发布"1+N"政策体系，其中"1"是碳达峰碳中和指导意见，"N"包括国家层面的"2030 年前碳达峰行动方案"以及重点领域和行业政策措施和行动。历时三年的时间里，顶层政策体系不断完善，引领作用不断强化，指引着全国各行各业各领域低碳发展工作推进。主要政策梳理如下：

2020年12月，中央经济工作会议召开，将"做好碳达峰、碳中和工作"作为2021年八项重点任务之一，明确要抓紧制定2030年前碳排放达峰行动方案，支持有条件的地方率先达峰[21]。

2021年3月，全国两会上发布的《中华人民共和国国民经济和社会发展第十四个五年规划和2035年远景目标纲要》提出了"单位国内生产总值能源消耗和二氧化碳排放分别降低13.5%、18%"的"十四五"时期发展目标，以及"碳排放达峰后稳中有降，美丽中国建设目标基本实现"的2035年远景目标[22]；在上述目标指引下，在推动绿色发展篇章明确了"制定2030年前碳排放达峰行动方案"，强调实施以碳强度控制为主、碳排放总量控制为辅的制度，支持有条件的地方和重点行业、重点企业率先达到碳排放峰值。

组织机构建设方面，2021年5月，中央层面成立了碳达峰碳中和工作领导小组，作为指导和统筹做好碳达峰碳中和工作的议事协调机构。该领导小组于2021年5月26日在北京召开了第一次全体会议，国家发展改革委、科技部、财政部、生态环境部、住房和城乡建设部、工业和信息化部、自然资源部、交通运输部、商务部等多个双碳工作推进的主力部门领导同志均参加会议；会议明确了将组织制定并陆续发布"1+N"政策体系，为明确碳达峰碳中和目标分解、细化具体工作路径指明了方向[23]。

作为"1"的《关于完整准确全面贯彻新发展理念做好碳达峰碳中和工作的意见》（中发2021〔36〕号）由中共中央、国务院于2021年9月正式发布[24]，文件确立了2025年、2030年、2060年的发展目标，其中2030年总体要实现二氧化碳排放量达到峰值并实现稳中有降；文件从经济社会绿色转型、调整产业结构、构建高效能源体系等领域进一步提出了具体要求，针对建筑领域，明确了推进城乡建设和管理模式低碳转型、大力发展节能低碳建筑、加快优化建筑用能结构三方面任务要求。

作为"N"之首的《2030年前碳达峰行动方案》（国发〔2021〕23号）由国务院于2021年10月印发，提出重点实施能源绿色低碳转型行动、节能降碳增效行动、工业领域碳达峰行动、城乡建设碳达峰行动、交通运输绿色低碳行动、循环经济助力降碳行动等"碳达峰十大行动"[25]；在城乡建设碳达峰行动中，明确城市更新和乡村振兴都要落实绿色低碳要求，并具体从城乡建设绿色低碳转型、提升建筑能效水平、优化建筑用能结构、推进农村建设和用能转型方面明确行动方案。

2022年1月，《国务院关于印发"十四五"节能减排综合工作方案的通知》（国发〔2021〕33号）在"健全节能减排政策机制"篇章中，第一条突出强调优化完善能耗双控制度，坚持节能优先，强化能耗强度降低约束性指标管理，有效增强能源消费总量管理弹性，加强能耗双控政策与碳达峰、碳中和目标任务的衔接[26]。在2023年7月召开的中央全面深化改革委员会第二次会议上，强调"建设更高水平开放型经济新体制，推动能耗双控逐步转向碳排放双控"，要求加强碳排放双控基础能力建设，健全碳排放双控各项配套制度，为建立和实施碳排放双控制度积极创造条件[27]。

在2022年10月党的二十大报告中，对推动绿色低碳发展和碳达峰碳中和工作进一步提出要求，明确工作基调和主旋律，指出积极稳妥推进碳达峰碳中和，有计划分步骤实施碳达峰行动，完善能源消耗总量和强度调控，逐步转向碳排放总量和强度"双控"制度；推动能源清洁低碳高效利用，推进建筑等领域清洁低碳转型。

1.3.2　国家部委建筑低碳发展相关政策

建筑业是国民经济的支柱产业，2012年以来的十年间，建筑业增加值占国内生产总值的比例始终保持在6.85%以上，带动了上下游50

多个产业发展；即使在新冠疫情影响下，建筑业总产值仍实现逆势增长，2022年达到31.2万亿元，比2021年同比增长6.45%，增速高于国内生产总值2.5个百分点。与此同时，建筑领域能源消耗和碳排放体量较大，也是落实低碳发展及碳达峰碳中和战略的重要领域。"双碳"战略提出后，各部委针对各领域特点积极探索具体的实施路径，不断丰富"N"维度的政策体系；在住建领域，住房和城乡建设部积极落实党中央、国务院各项要求，聚焦城乡建设领域的复杂性、建筑类型的多样性、用能特征的差异性等，开展了低碳发展政策制定及科技探索。围绕住建领域，相关部委出台的政策主要有以下内容：

2022年3月，住房和城乡建设部印发《"十四五"建筑节能与绿色建筑发展规划》（建标〔2022〕24号），提出了"十四五"时期建筑节能和绿色建筑发展三项总体指标：到2025年，建筑运行一次二次能源消费总量控制在11.5亿t标准煤，城镇新建居住建筑能效水平提升30%，城镇新建公共建筑能效水平提升20%[28]；同时确立了7项具体指标，包括既有建筑节能改造面积、超低能耗及近零能耗建筑建设面积、城镇新建建筑中装配式建筑比例等，对建筑节能、绿色建筑、装配式建筑、可再生能源应用等提出具体发展要求。

作为"1+N"政策体系中"N"的重要组成文件之一，《城乡建设领域碳达峰实施方案》于2022年6月正式印发，文件确立了2030年前，城乡建设领域碳排放达到峰值的主要目标，并从建设绿色低碳城市、打造绿色低碳县城和乡村两个维度，提出了城乡建设领域碳达峰实施具体要求。其中，在提升建筑绿色低碳水平方面，要求2030年前严寒、寒冷地区新建居住建筑本体达到83%节能的要求，新建公共建筑本体达到78%节能的要求；到2025年，城镇新建建筑全面执行绿色建筑标准，星级绿色建筑占比达到30%以上，新建政府投资公益性公共建筑和大型公共建筑全部达到一星级以上。在优化城市建设用能结

构方面，要求到 2025 年城镇建筑可再生能源替代率达到 8%，到 2030
年建筑用电占建筑能耗比例超过 65%。

在碳达峰碳中和标准计量体系、标准体系建设方面，2022 年 10
月，国家市场监管总局等九部委印发《关于印发建立健全碳达峰碳中
和标准计量体系实施方案的通知》（国市监计量发〔2022〕92 号），提
出了 "2025 年碳达峰碳中和标准计量体系基本建立——2030 年体系更
加健全——2060 年引领国际的碳中和标准计量体系全面建成" 的 "三
步走" 发展目标；在重点任务方面，提出加强重点领域碳减排标准体
系建设，涉及建筑领域的主要有三部分内容：一是加强节能基础共性
标准制修订，抓紧制修订一批能耗限额、产品设备能效强制性国家标
准，完善能源核算、检测认证、评估、审计等配套标准；二是加强基
础设施低碳升级标准制修订，研究制定城市基础设施节能低碳建设、
农房节能改造、绿色建造等标准；三是加强公共机构节能低碳标准制
修订，完善公共机构低碳建设、低碳评估考核等相关标准，分类编制
节约型机关、绿色学校、绿色场馆等评价标准[29]。紧随其后，2022 年
11 月，市场监管总局、工业和信息化部发布了《关于促进企业计量能
力提升的指导意见》（国市监计量发〔2022〕104 号），明确了促进企
业计量能力提升的十三项重点任务，提出了下一步促进企业计量能力
提升的重要举措[28]。

在具体落实层面，国家始终重视试点带动作用，在以往的既有建
筑节能改造、绿色建筑、装配式建筑推广、智能建造等工作推进中，
均开展了前期试点建设工作。以试点经验进一步扩大推广的工作机制，
有效带动了相关工作在全国层面的铺开推广。在碳达峰系列工作落实
中，国家也制定了试点探索——经验总结——扩大推广的工作思路，
2023 年 10 月，国家发展改革委印发《国家碳达峰试点建设方案》（发
改环资〔2023〕1409 号），明确选择 100 个具有典型代表性的城市和园

区开展碳达峰试点建设，聚焦破解绿色低碳发展面临的瓶颈，探索不同资源禀赋和发展基础的城市和园区碳达峰路径[30]。

在科技探索方面，2022 年 3 月，住房和城乡建设部印发《"十四五"住房和城乡建设科技发展规划》（建标〔2022〕23 号），文件指出，以支撑城乡建设绿色发展和碳达峰碳中和为目标，聚焦能源系统优化、市政基础设施低碳运行、零碳建筑及零碳社区、城市生态空间增汇减碳等重点领域，从城市、县城、乡村、社区、建筑等不同尺度、不同层次加强绿色低碳技术研发，形成绿色、低碳、循环的城乡发展方式和建设模式[31]。此外在"十四五"重点研发计划立项中，更加关注传统建筑领域绿色低碳发展与智慧科技、社会治理、主动健康与老龄化等领域融合探索，设置"城镇可持续发展关键技术与装备""社会治理与智慧社会科技支撑""主动健康和人口老龄化科技应对"等专项，开展碳核算、碳足迹认证、碳评价等基础领域研究，以及平安绿色校园碳排放核算、群智联动与协同防控关键技术，宜居城市环境品质提升、城区与街区减碳技术等关键技术研究工作。

1.3.3　公共建筑低碳发展具体政策

建筑是人们工作生活的重要载体，其中，公共建筑是满足人们除居住以外的其他一切社会活动需求的重要建筑类型，包含办公建筑、商业建筑、旅游建筑、科教文卫建筑、通信建筑、交通运输类建筑等多种建筑形式。从建筑建成阶段以及能耗、碳排放发生的时间节点来看，公共建筑可细分为新建公共建筑和既有公共建筑，新建公共建筑的低碳发展主要取决于节能低碳设计和绿色低碳建造环节，而既有公共建筑的低碳发展则依赖于长达 50 年的建筑运行环节的持续降碳。从建设周期角度，建筑一经建成并竣工验收即成为既有建筑，因此在体量庞大的公共建筑中，既有公共建筑的低碳发展对于整体公共建筑领域低碳发展具有决定性作用。本节梳理公共建筑低碳发展的相关政策，概述近期国家及相关部委对公共建低碳发展的具体政策要求,可以发现,政策关注点主要集中在新建公共建筑技术标准(节能、绿色及可再生能源等)的执行、既有公共建筑的节能低碳改造、低碳运行水平提升以及市场及金融手段支持发展等方面。

(1)新建公共建筑节能低碳发展方面

在新建公共建筑执行绿色建筑标准方面,住房和城乡建设部《"十四五"建筑节能与绿色建筑发展规划》提出了"推动有条件地区政府投资公益性建筑、大型公共建筑等新建建筑全部建成星级绿色建筑"的目标要求;在星级绿色建筑推广计划中,强调以上述两类新建公共建筑为抓手,适当提高星级绿色建筑建设比例。在提高新建建筑节能水平方面,要求"推动政府投资公益性建筑和大型公共建筑提高节能标准,严格管控高耗能公共建筑建设",在《城乡建设领域碳达峰实施方案》中,给出了确切的节能率指标,要求新建公共建筑本体达到78%节能要求;并积极开展超低能耗建筑推广工程,在京津冀及周边地区、长三角等有条件地区鼓励上述两类公共建筑执行超低能耗建筑、近零能耗建筑标准。在绿色建造方式方面,鼓励医院、学校等公共建筑优先采用钢结构建筑;此外,在城市酒店、学校和医院等有稳定热水需求的公共建筑中积极推广太阳能光热技术,推广新建公共建筑应用可再生能源;要求开展新建公共建筑全电气化设计试点示范,推动开展新建公共建筑全面电气化,到2030年电气化比例达到20%,充分发挥电力在建筑终端消费清洁性、可获得性、便利性等优势。

(2)推进既有公共建筑节能低碳改造方面

住房和城乡建设部《"十四五"建筑节能与绿色建筑发展规划》明确提出了"'十四五'期间累计完成既有公共建筑节能改造2.5亿平方米以上"的改造目标,相比"十三五"期间制定的"完成公共建筑节能改造面积1亿平方米以上"的目标进一步提高了要求。在具体措施要求上，重点是持续推进公共建筑能效提升重点城市建设，在做好第一批重点城市建设绩效评价及经验总结的基础上，启动实施第二批公共建筑能效提升重点城市建设；在《城乡建设领域碳达峰实施方案》中也对能效提升重点城市建设提出持续推进要求，明确了"到2030年地级以上重点城市全部完成改造任务，改造后实现整体能效提升20%以上"的碳达峰实施要求。我国在"十一五""十二五"期间开展了公共建筑节能改造重点城市建设，"十三五"期间开展了第一批能效提升重点城市建设；进入"十四五""十五五"，以能效提升重点城市建设为契机，持续带动地级以上城市的既有公共建筑节能改造工作推进，实现以节能改造、能效提升改造带动规模化的减碳效果。

（3）提升既有公共建筑低碳运行水平方面

中国建筑节能协会相关研究显示，全国2020年建筑运行阶段能耗为10.6亿tce、碳排放为21.6亿tCO_2，占建筑与建造总能耗、总碳排放的比重分别达到46.9%和42.5%，清晰并直观显示出建筑领域将近一半的能源消耗与碳排放发生在运行阶段，因此，实现运行阶段的节能降碳至关重要。对于既有公共建筑，在提升运行低碳水平方面，主要政策要求有以下3个方面：一是推广应用建筑设施设备优化控制策略，提高供暖空调系统和电气系统效率，加快LED照明灯具普及，采用电梯智能群控等技术提升电梯能效；二是从标准和制度两个维度加强能耗限额管理，引导各地分类制定公共建筑用能（用电）限额指标，出台或更新相关技术标准，同时强化运行监管体系、制度体系建设，逐步实施能耗限额管理和能耗信息披露，普遍提升公共建筑节能运行水平；三是建立公共建筑运行调适制度，推动公共建筑定期开展用能设备运行调适，提升设备能效，在《城乡建设领域碳达峰实施方案》中明确了"到2030年实现公共建筑机电系统的总体能效在现有水平上提升10%"的目标要求。

（4）市场及金融手段应用及支持方面

实现碳达峰碳中和目标任务复杂艰巨，不能仅依赖于财政资源统筹支持，国家及财政部等部委也就发挥市场及金融手段支持碳达峰碳中和工作制定了具体政策。《关于完整准确全面贯彻新发展理念做好碳达峰碳中和工作的意见》提出积极发展绿色金融，有序推进绿色低碳金融产品和服务开发，建立健全绿色金融标准体系。国务院《2030年前碳达峰行动方案》要求深化绿色金融国际合作，完善绿色金融评价机制，大力发展绿色金融。《财政支持做好碳达峰碳中和工作的意见》在支持重点行业领域绿色低碳转型中明确提出持续推进建筑领域电能替代，实施"以电代煤""以电代油"；同时支持完善绿色低碳市场体系，充分发挥碳排放权、用能权、排污权等交易市场作用，引导产业布局优化[32]；在具体的财政政策措施中，提出建立健全绿色低碳产品的政府采购需求标准体系，分类制定绿色建筑和绿色建材政府采购需求标准。在住房和城乡建设部《"十四五"建筑节能与绿色建筑发展规划》和《城乡建设领域碳达峰实施方案》中，再次明确将会同有关部门推动绿色金融与绿色建筑协同发展，创新信贷等绿色金融产品，强化绿色保险支持；同时针对既有公共建筑提出了具体要求，未来将逐步建立完善合同能源管理市场机制，探索节能咨询、诊断、设计、融资、改造、托管等"一站式"综合服务模式。

2 既有公共建筑碳排放现状

2.1 我国建筑领域碳排放现状

我国人口规模庞大，城市进程发展较快，建筑行业能源需求高、消耗大，碳排放量大。2005～2020 年间，建筑全过程碳排放量增长了 2.3 倍[33]，虽然存量巨大，但得益于中国政府积极推动可持续发展和低碳经济转型，随着高效节能建筑材料、清洁能源以及智慧管理系统等创新技术的推广应用，建筑分阶段碳排放增速明显放缓（图 2.1-1），

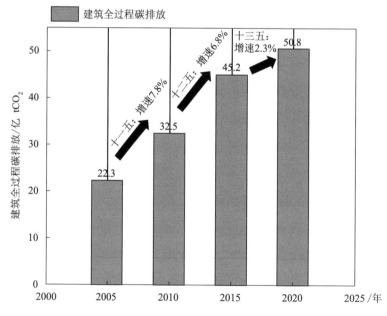

图 2.1-1 全国建筑全过程碳排放变动趋势

"十一五""十二五"和"十三五"期间年均增速分别为 7.8%、6.8% 和 2.3%[33]。

除存量大、增速放缓外，我国建筑碳排放现状还存在明显的城乡区域差异及省市差异。由于城镇地区经济发展水平较好，建筑密度高且基础设施完善，碳排放量相对较高，农村地区情况则相反。2020 年，公共建筑、城镇居住建筑和农村居住建筑运行阶段的碳排放分别为 8.3 亿 tCO_2、9.0 亿 tCO_2 和 4.3 亿 tCO_2，占建筑碳排放总量的比例分别为 38%、42% 和 20%（图 2.1–2）。公共建筑碳排放强度为 58.6 $kgCO_2/m^2$，城镇居住建筑和农村居住建筑的碳排放强度分别为 28.1 $kgCO_2/m^2$ 和 18.3 $kgCO_2/m^2$，公共建筑显著高于另外两类建筑。

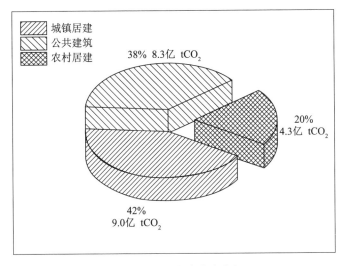

图 2.1–2　城乡碳排放对比

2020 年各省建筑运行阶段碳排放排名前五的省份依次为山东、河北、广东、江苏、河南，排放总量均超过了 1 亿 tCO_2，占全国建筑运行碳排放总量的 35%；排名后三位的省份分别为海南、青海和宁夏，排放总量均不足 2000 万 tCO_2。经济发达的省份如广东等，拥有发达的制造业和服务业，建筑行业规模庞大，碳排放量较高；经济相对欠发达的省份如青海等，由于经济规模较小以及能源供给相对不足，建筑碳排放量较低。经济结构、产业发展水平和能源结构直接造成了不同省份的碳排放差异。

综上所述，我国建筑碳排放现状呈现规模大、增速放缓、差异化的特点。随着我国逐步进入城镇化新阶段，建设速度放缓，存量建筑的运行能耗和碳排放量占比将进一步增大，给城市低碳发展带来新挑战。因此，既有建筑碳排放量控制对实现建筑领域的可持续和低碳发展起着至关重要的作用。

2.2　公共建筑碳排放水平

公共建筑是城市第三产业发展的重要载体，随着经济发展和人们生活水平的提升，第三产业对经济的贡献比重持续增加，公共建筑的面积也不断上升。2010～2020 年，全国公共建筑面积从 78 亿 m² 增加到 142 亿 m²，增长了 82%，年均增长率为 6.2%[34]，2020 年不同类型公共建筑面积占比如图 2.2-1 所示。除上述建筑类型外，交通枢纽、文体建筑和社区活动场所等，在"十三五"期间也得到快速发展，规模增长显著。既有公共建筑多样化的能源需求以及较高的使用强度导致碳排放水平长期处于高位，公共建筑的碳排放水平呈现"双峰分布"[34]。大型公共建筑的建筑体量和形式约束导致空调、通风、照明、电梯等设施用能强度远高于普通公共建筑，部分能耗达到我国普通住宅的 10 倍以上[35]，这是造成"双峰分布"中高峰值出现的主要原因，由此可见，既有公共建筑的节能降碳潜力巨大。同时，与大拆大建相比，建筑加固、维修和改造会减少大量钢材水泥的使用，由此导致的碳排放要远小于大拆大建，进行建筑节能改造将有助于降低公共建筑碳排放的峰值。总体而言，既有公共建筑低碳发展是建筑领域节能减碳的必经之路。

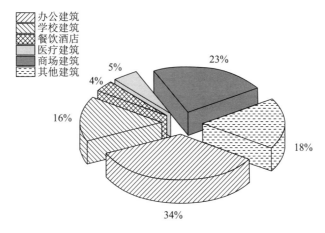

图 2.2-1　不同类型公共建筑占比

2.2.1　不同气候区公共建筑能耗及碳排放水平对比

为对比分析不同气候区、不同类型的既有公共建筑的建筑能耗及碳排放水平，研究团队从严寒、寒冷、夏热冬冷、夏热冬暖、温和气候区选取了 1525 栋建筑作为调研样本，涵盖办公类、商场类、旅馆类、医院类、学校类五种建筑类型。本书中公共建筑"供暖能耗"包括供暖热源、循环水泵和辅助设备的能耗，"建筑能耗"包括空调、通风、照明、生活热水、电梯、办公设备的能耗，不包括北方城镇建筑供暖能耗。不同气候区既有公共建筑单位建筑面积能耗与国家标准《民用建筑能耗标准》GB/T 51161—2016 的能耗约束值比较如图 2.2-2 所示，不同气候区（除温和气候区）高于能耗约束值的建筑数量平均占比为 50% 左右，这表明目前我国既有公共建筑建筑能耗高，资源消耗大。

同类型的既有公共建筑在不同气候区的能耗水平差异较大（图 2.2-3）。商场类建筑和旅馆类建筑的能耗值均较高，约为办公类建筑单位建筑面积能耗的 2～3 倍，在不同气候区能耗约束值不满足率各自相当，均维持在较高水平。办公类建筑在夏热冬冷地区和夏热冬暖地区的不满足率分别达到了 55.6% 和 50%，在严寒和寒冷地区能耗约束值

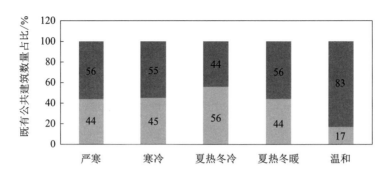

图 2.2-2　不同气候区既有公共建筑能耗水平

注：《民用建筑能耗标准》GB/T 51161—2016 中不包含的校园及医院类建筑则以当地能耗标准值为参考依据。

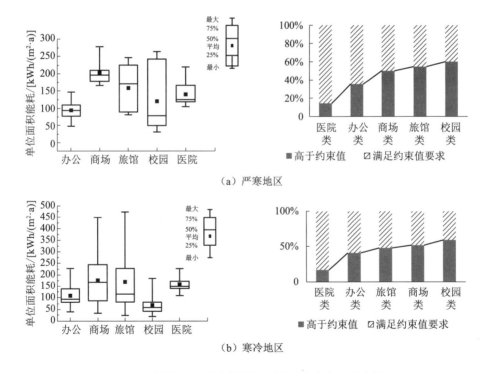

图 2.2-3　五大气候区公共建筑单位面积能耗及与标准对比情况

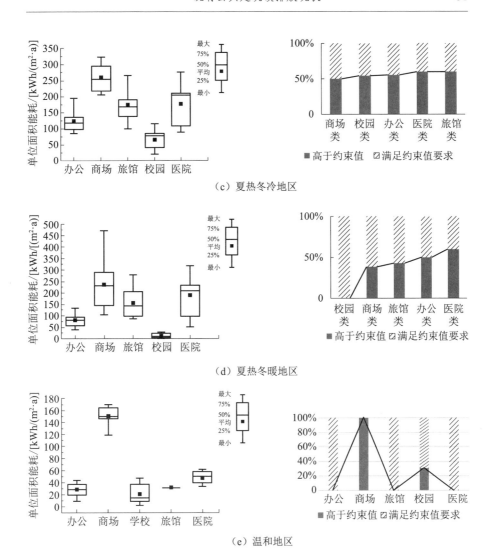

（c）夏热冬冷地区

（d）夏热冬暖地区

（e）温和地区

图 2.2-3　五大气候区公共建筑单位面积能耗及与标准对比情况（续）

注：温和地区办公类建筑的 B 类党政机关办公类建筑的能耗指标，其约束值为 60 kWh/（m²·a）；
采用旅馆类建筑的 B 类三星级及以下旅馆类建筑的能耗指标，其约束值为 60 kWh/（m²·a）；
商场类建筑采用的是 B 类大型百货中心建筑的指标，其约束值为 90 kWh/（m²·a）。

不满足率略小。医院类建筑在夏热冬冷和夏热冬暖地区高于能耗约束
值占比均达到 60%，具有很大的节能潜力。学校类建筑能耗普遍较小，
严寒和寒冷地区占比稍高，这与建筑内人员日常活动规律以及建筑空

间布局有关。

既有公共建筑消耗的主要能源为电能与燃气,与电能相比,燃气消耗占比较低,且两者消耗量有较大差距。因此,本书以电能为主导对既有公共建筑碳排放进行分析,计算方法主要参考国家标准《建筑碳排放计算标准》GB/T 51366—2019,并按照生态环境部 2022 年度公布的全国平均碳排放因子 0.5703 kgCO$_2$/ kWh 进行计算。

各气候区不同类型既有公共建筑单位建筑面积碳排放水平如图 2.2-4 所示,碳排放与能耗分布趋势相同,调研样本平均单位建筑面积碳排放水平为 71.04 kgCO$_2$/m^2,高于全国公共建筑碳排放水平 58.6 kgCO$_2$/m^2。严寒地区、寒冷地区、夏热冬冷地区、夏热冬暖地区、温和地区平均单位建筑面积碳排放分别为 77.97 kgCO$_2$/m^2、74.67 kgCO$_2$/m^2、92.91 kgCO$_2$/m^2、76.38 kgCO$_2$/m^2、33.28 kgCO$_2$/m^2,夏热冬冷地区冬季气温低,夏季气温高,需要大量能源进行供暖与制冷,导致其整体碳排放水平最高;温和

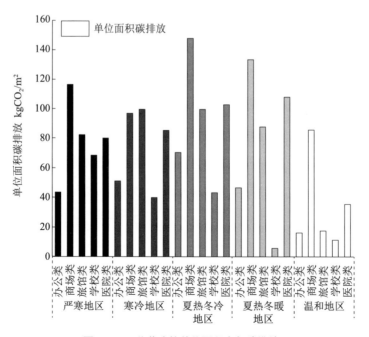

图 2.2-4 公共建筑单位面积全年碳排放

地区气候相对稳定，减少了建筑在供暖以及供冷方面的能耗，相对其他气候区碳排放略低。

2.2.2 不同类型既有公共建筑碳排放水平对比

为进一步对比不同类型既有公共建筑的碳排放水平，探究既有公共建筑碳排放主要影响因素，研究团队以寒冷气候区的天津市为例，补充调研 721 栋公共建筑，细分既有公共建筑类型，如图 2.2–5 所示。

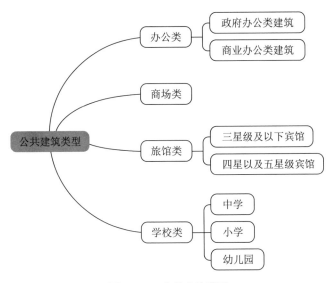

图 2.2–5 公共建筑类型

（1）不同建筑类型能耗及碳排放水平

不同类型既有公共建筑平均能耗水平如图 2.2–6 所示，总体建筑能耗分布情况为：星级宾馆 > 商场建筑 > 办公楼 > 学校，学校平均建筑能耗为 66.82 kWh/m²，宾馆类建筑平均建筑能耗为 118.88 kWh/m²。宾馆建筑和商场建筑通常需要更好的室内环境和更长的工作时间，这导致整体能耗高于办公建筑。同一建筑类型之间的能耗也存在差异，四星以及五星级宾馆由于提供了更舒适的室内环境（如照明和温度）和更先进的服务（如恒温浴室），建筑能耗相较于三星级及以下提高了30%。

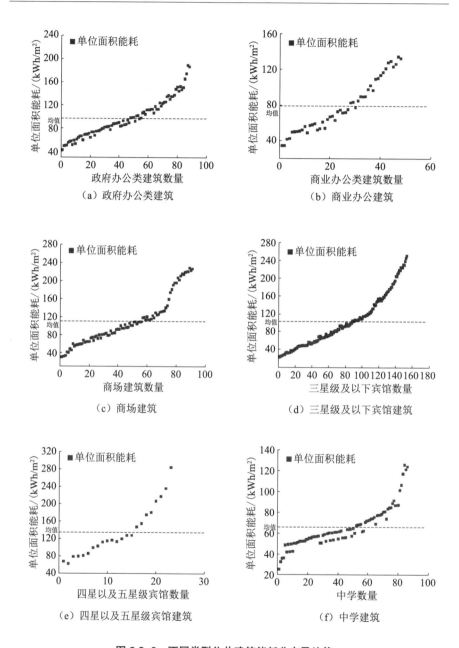

图 2.2-6　不同类型公共建筑能耗分布及均值

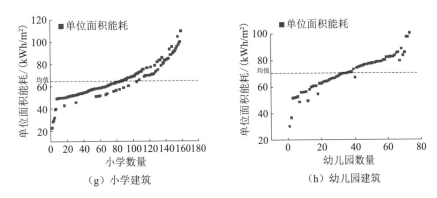

（g）小学建筑 （h）幼儿园建筑

图 2.2-6 不同类型公共建筑能耗分布及均值（续）

调研样本中不同建筑类型的能源消耗组成占比如图 2.2-7 所示。除学校外，其他类型公共建筑的用电量占总能耗的 50% 以上，星级宾馆

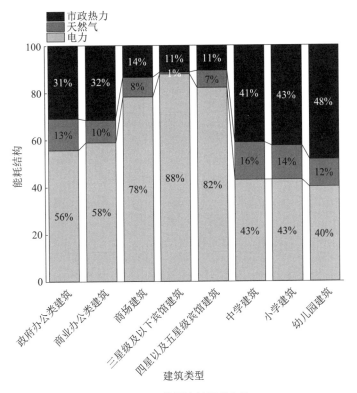

图 2.2-7 能源消耗组成占比

的用电量占比超过 80%，学校的市政热力的消耗占比达到 45%。天然气在能源消耗中所占份额最小，所有建筑类型的能源消耗占比都不超过 20%。

根据上述分析并结合天津地区不同类型能源碳排放因子（表 2.2-1）计算了不同类型建筑的碳排放量。四星以及五星级宾馆建筑单位面积碳排放最高，平均值为 90.39 $kgCO_2/m^2$，小学建筑单位面积碳排放最

天津地区不同类型能源碳排放因子   表 2.2-1

能源类型	碳排放因子
电力	0.78（$kgCO_2$/kWh）
天然气	2.02（$kgCO_2/m^3$）
市政热力	0.60（$kgCO_2$/kWh）

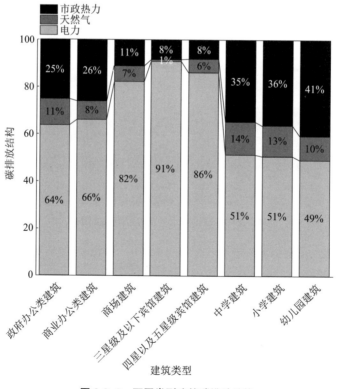

图 2.2-8   不同类型建筑碳排放结构

低，平均值为 36.46 kgCO$_2$/m^2，如图 2.2-8 所示。综合碳排放因子受能源结构影响，不同建筑的综合碳排放因子如图 2.2-9 所示，其中三星级及以下宾馆建筑最高，幼儿园建筑最低，分别为 0.68、0.56。三星级及以下宾馆建筑的电力能耗占比最大为 91%，而当前电力系统脱碳尚未完成，未来随着电网碳排放因子的持续降低，该值会逐步下降；幼儿园建筑由于大部分使用集中供热，具有相对较低的热源碳排放因子。

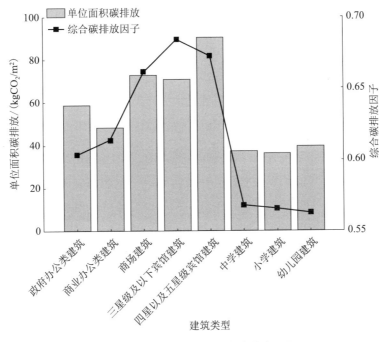

图 2.2-9 碳排放水平及综合碳排放因子

（2）碳排放与建筑面积相关性分析

使用 Pearson 相关系数法对建筑面积与建筑碳排放强度进行了相关性分析，如表 2.2-2 所示。一般认为，Pearson 相关系数的绝对值在 0.3 以上为具有一定的相关性，在 0.5 以上为强相关。从结果看，仅三星级及以下宾馆建筑碳排放强度与建筑面积的 Pearson 相关系数达到 0.448，呈现了一定的相关性，大部分类型建筑的两者之间并未呈现出明显的相关性。对于宾馆类建筑，规模越大往往服务档次越高，用能需求越大，最终使得碳排放强度和建筑面积之间呈现了一定的相关性。同时，单位面积碳排放的增加与建筑暖通空调系统损失以及不同星级酒店的室内环境营造要求差异导致的高能耗有关。以往的研究也表明，优化建筑围护结构[36]，改变建筑用能形式（例如提高太阳能供能比例[37]），以及提升建筑设备机组能效水平[38]将降低建筑的碳排放水平。

碳排放量与建筑面积相关系数　　　　　　表 2.2-2

建筑类型	相关系数
政府办公类建筑	0.015
商业办公类建筑	−0.192
商场建筑	−0.078
三星级及以下宾馆建筑	0.448
四星以及五星级宾馆建筑	0.272
中学建筑	−0.169
小学建筑	−0.298
幼儿园建筑	−0.141

（3）碳排放与建筑年代相关性分析

我国于 20 世纪 80 年代左右开始推广新型墙体材料和节能建筑（1987～1992 年）。以国家标准《公共建筑节能设计标准》GB 50189—2005 颁布时间作为关键时间节点进行划分，分 1987 年及之前、1988～2005 年、2006 年及之后 3 个时间段对天津既有公共建筑能效进行分析，碳排放强度与建筑年代的相关系数分析结果见表 2.2-3。其中，商业办公建筑的碳排放强度与建成年代呈现较强的负相关性，幼儿园建筑次之，即对于商业办公建筑和幼儿园建筑而言，建成时间越晚，其碳排放强度越低。将 1987 年之前与 2006 年以后建成建筑碳排放水平进行对比，商业办公类建筑的变化达到了 42%，该现象主要受中国建筑节能标准的不断推进影响，包括建筑 HVAC 系统效率提升、照明以及设备能效提升、建筑热工性能提升以及运行管理水平提升等[39]。其他建筑类型的碳排放强度与建筑年代的相关性较弱，这是由两个相反因素共同造成的，即建筑年代越晚，所需的服务和环境控制水平越高，能源需求越大，而随着新技术的不断发展，建筑的能源效率正在稳步提高。

碳排放量与建筑年代相关系数   表 2.2-3

建筑类型	相关系数
政府办公类建筑	−0.121
商业办公类建筑	−0.557
商场建筑	−0.152
宾馆建筑	−0.248
中学建筑	−0.209
小学建筑	−0.271
幼儿园建筑	−0.454

通过对建筑碳排放量与建筑年代的相关性分析，确定建筑使用年限会在一定程度上影响单位建筑面积碳排放量。这种影响对一些建筑可能是积极的，对其他建筑可能是消极的，因为许多其他因素可能会产生更大的影响，如更多的功能要求和舒适的环境可能导致更高的能耗，构成碳减排的不利因素。因此，仅依靠建筑年代来评估碳排放水平可能会得出不可靠的结论，需要结合更多因素进行全面分析。不同类型公共建筑的碳排放强度存在显著差异，这主要与运营特点、服务水平和能源结构等因素有关。即使是同一建筑类型，如酒店（三星级及以下）和酒店（四星级和五星级），碳排放强度也存在差异。因此，在制定限制碳排放的政策时，应根据建筑之间的差异，实行差异化和精细化的管理。

2.3　既有公共建筑低碳发展存在问题

低碳发展是一种改变传统建筑模式来应对全球变暖挑战的建造策略，其目标定位于有效缓解建筑对环境的影响。虽然我国既有公共建筑节能改造取得了一定的成绩，但面对低碳化发展要求，仍存在一些问题：

一是顶层发展目标路径亟需制定。现行既有建筑改造标准多侧重于安全改造、节能改造和绿色化改造，不能很好地满足不同类型既有公共建筑低碳化改造的发展要求。由于既有公共建筑建设年代、所处地区、结构体系以及建筑使用功能方面的差异性，针对既有公共建筑的低碳化发展不能采取"一刀切"的政策和技术措施，应结合我国"双碳"目标和新型城镇化等国家战略需求，综合考虑地域、功能和技术适宜性等因素，提出具有地区差别性、类型差异性、技术针对性的多维度既有公共建筑低碳发展目标和实施路径，从顶层指导我国既有公共建筑低碳发展工作。

二是低碳改造技术体系有待健全。部分既有公共建筑围护结构的隔热材料，气密材料老化、损坏或缺失，导致无法有效地阻挡热量传导，使空调和供暖系统需要额外的能源来维持室内舒适度。而既有公共建筑的机电设备系统使用寿命为 15 年左右，随着使用时间变长，运行效率逐渐变低。此外，由于建设年代的技术限制，部分既有公共建筑的设备控制系统缺乏智能化和自动化功能，无法根据室内外环境和使用需求进行精确控制和调节，导致能源浪费。随着国家标准《建筑节能与可再生能源利用通用规范》GB 55015—2021 的实施，无论是新建、扩建和改建建筑还是既有建筑的节能改造均应进行建筑节能设计，同时也对既有建筑改造提出了更高的要求。既有公共建筑低碳改造影响因素多、改造技术复杂，亟需建立健全低碳改造技术体系。

三是低碳运维管理水平亟须提高。公共建筑多采用物业公司或后勤管理模式，管理水平比较粗放，未从安全、节能、低碳等方面综合考虑，缺乏对建筑用能系统的综合诊断，目前的管理模式也很难适应既有公共建筑的低碳发展需求。部分既有公共建筑由于缺乏规范的维护计划和周期性检查，建筑设备运行不稳定，进一步加重了能源浪费。传统的定期巡检和维护方式难以满足低碳运维管理的需求，需要采用更加智能化、数据驱动的维护方式。同时，节能概念宣贯不及时、不彻底也导致了许多建筑业主、管理方和使用者对低碳概念和节能减排的重要性缺乏深刻认识，进一步加剧了运维管理水平提升难度。

3 既有公共建筑低碳发展路径规划

3.1 低碳发展模式探讨

"十三五"期间，既有公共建筑的改造工作日益受到各省市建设行政主管部门重视，据统计，"十三五"期间累计完成公共建筑节能改造 1.85 亿 m²。在具体节能改造实践中，住房和城乡建设部及地方政府不断探索公共建筑节能改造的市场化机制，推行合同能源管理模式，北京、上海、深圳等城市表现尤为突出。与此同时，依托节能监管体系建设，我国公共建筑能耗统计、能源审计、能效公示、能耗动态监测等工作全面推进，既有公共建筑节能管理不断加强。截至目前，全国已有 33 个省市（含计划单列市）建设了省级公共建筑能耗监测平台，共监测 1.1 万余栋建筑能耗；233 所高校、44 家医院分别开展了节约型校园和节约型医院节能监管体系建设示范；推动 11 个公共建筑节能改造重点城市、28 个公共建筑能效提升重点城市开展相关工作[40]。2022 年 3 月，住房和城乡建设部发布《"十四五"建筑节能与绿色建筑发展规划》（建标〔2022〕24 号），提出"十四五"期间，累计完成既有公共建筑节能改造 2.5 亿 m² 以上，要求推动既有公共建筑节能绿色化改造，启动实施第二批公共建筑能效提升重点城市建设，建立节能低碳技术体系，探索多元化融资支持政策及融资模式，推广合同能源管理、用电需求侧管理等市场机制。可以看出，既有公共建筑改造范围不断扩大，发展模式也逐渐多元化。

在"双碳"背景下,既有公共建筑改造主要有以下变化:逐渐从强化能耗总量和强度"双控",发展为碳排放总量和强度"双控";从进一步节能和提升建筑能效,发展为提升建筑用能系统的柔性和韧性,提升可再生能源利用量与消纳量,加快建立全过程节能低碳管理体系。从全国范围来看,北京、上海、重庆等地区积极探索适合本地既有公共建筑低碳发展模式,主要以政策引导为主,辅以重点工程引领和市场化机制推动。

(1)政策引导:推动既有公共建筑绿色低碳化改造

绿色低碳化改造是既有公共建筑低碳发展的重要改造模式。住房和城乡建设部、国家发展改革委发布《城乡建设领域碳达峰实施方案》(建标〔2022〕53号),重点任务"(六)全面提高绿色低碳建筑水平",并提出持续推进公共建筑能效提升重点城市建设,各地区以政府机关、学校、医院等公共建筑为牵引,结合城市更新、建筑功能调整升级和老旧楼宇改造,积极推动既有公共建筑节能绿色化改造。由于公共建筑设备系统复杂、类型多样,设备及系统能效对建筑整体能耗具有显著影响,国家发展改革委发布了《绿色高效制冷行动方案》(发改环资〔2019〕1054号),广东、河南等地积极响应,在低碳发展中提出实施高效制冷能效提升工程,推动公共机构、大型公共建筑、地铁、机场等实施中央空调节能改造。

碳排放限额是政策引导既有公共建筑低碳发展的重要措施之一。以上海为例,深入开展公共建筑能效对标达标和能源审计,加强公共建筑能耗监测和统计分析,建立公共建筑运行能耗和碳排放限额管理制度。目前上海已建立全市公共建筑运行碳排放量动态地图,到2030年将实现对1.5亿 m² 公共建筑碳排放实时监测分析[41]。同时,上海市正按照核算体系和方法的统一要求,结合节能低碳目标分解等情况,逐步建立公共建筑运行能耗与碳排放限额监管体系,推进公共建筑能源审计，为高能耗建筑进行碳排放诊断，向突破能耗和碳排放限额的建筑"亮红牌"，通过以碳排放总量控制为目标的全过程管理，持续推进既有公共建筑碳排放降低。

（2）重点工程引领：推进清洁替代传统能源

建筑的电力、热力供应造成的间接碳排放是建筑相关碳排放中最主要的部分，也是既有公共建筑实现低碳发展的重要改造部分。加快终端用能电气化、低碳化，全面应用可再生能源，是既有公共建筑低碳发展的重要方向。"十四五"期间，我国可再生能源发展将坚持以高质量跃升发展为主题，大力实施可再生能源替代行动。同时随着技术发展，太阳能、风能等可再生能源发电成本的降低大大促进了低碳电力系统的发展，以光伏发电和各种零碳低品位热量为供应源，建立灵活、分散、协同、共享的能源利用和转换系统，再利用互联网、物联网等新技术实现智慧运维调控，是推进既有公共建筑低碳发展的重要手段。

各省市以重点工程为引领，持续推动节约型学校、医院、科研院所建设，积极开展学校、医院节能及低碳化改造试点。以江苏为例，江苏省委办公厅、省政府办公厅联合印发《深入开展公共机构绿色低碳引领行动实施方案》，提出围绕公共机构办公、生活等环节，推广应用电力空调机组、节能灶具和高效油烟净化设备，实施供暖和热水系统电气化、低碳化改造。太阳能光伏发电和太阳能热水系统是既有公共建筑可再生能源利用的重要手段，各省市积极推进在酒店、学校和医院等有稳定热水需求的公共建筑中推广太阳能光热技术，在党政机关、事业单位、公立学校、公立医院、国有企业等公共建筑屋顶加装太阳能光伏。随着能源转型的推动，以及分布式能源、光储直柔等技术将进一步推广和进步，未来既有公共建筑运行的能源结构将会呈现低碳化、电气化和数字化的转变[42]。

（3）市场化推动：强化公共建筑低碳运营管理

推行合同能源管理、政府和社会资本合作模式（PPP）等市场化改造模式，进一步推进既有公共建筑由节能改造向绿色化、低碳化改造转变。鼓励合同能源管理全托管型项目，引导企业走向综合能源管理服务，通过应用模式研究和试点示范，加强电力需求侧管理、合同能源管理等市场化机制在建筑领域的运用。以重庆市为例，作为全国首批公共建筑节能改造重点城市之一，明确以公共建筑为重点，充分调动市场力量，完善管理制度，在全国率先利用"节能效益分享型"的合同能源管理模式实施公共建筑节能改造示范工作，建立由城乡建设主管部门监督管理、项目业主单位具体组织、节能服务公司负责实施、第三方机构承担改造效果核定和金融机构提供融资支持的既有公共建筑节能改造新模式，取得了显著成效。

探索由金融机构、市场主体等成立绿色发展基金，引金融"活水"支持既有公共建筑节能降碳工作。通过探索采用财政补贴、贴息贷款等方式扶持企业开展大型公建低碳新场景建设，制定支持建筑节能低碳发展的绿色金融政策，积极发展建筑保险产品，支持当前尚难依托市场推广的技术产品应用，推进既有公共建筑低碳发展。

3.2　双碳目标下既有公共建筑碳排放预测

3.2.1　碳排放计算标准选取

基于国内外建筑碳排放标准的调研，不同标准在生命期的划分、碳排放清单选择、碳排放边界的界定等方面存在差异。

ISO（国际标准化组织）开发编制了一套针对建筑运营阶段碳排放计量、报告和核证的国际标准，即 ISO 16745：2017（Sustainability in buildings and civil engineering works – carbon metric of an existing building during use stage）。该标准建立 3 种碳排放指标，即划定 3 种边界范围，

分别将建筑直接能耗引起的碳排放、使用者相关能耗引起的碳排放，以及所有和建筑及场地内设备在运营阶段（包括上行过程及下行过程，包括建筑的维护，如清洁、维修、翻新、供水、垃圾处理等系统，以及冷却系统中制冷剂）引起的碳排放考虑在计算边界内，并建立了公开数据库，提供了建筑碳排放指标的测量、报告和核证的相关方法和统一要求，建立了全球通用的测量与报告既有建筑温室气体排放（和消除）的方法，适用于所有城市、建筑群或者单个建筑，为准确计算建筑碳排放提供标准，也为实现国际对比提供统一方法。

德国 DGNB 按照建筑全寿命期的 4 个阶段——建筑的材料生产与建造、使用期间能耗、维护与更新、拆除和重新利用，分别计算碳排放量。计算过程要依赖环境影响数据库在线提供建筑产品健康和生态方面的信息。例如，在计算建材生产与建造阶段的碳排放量时，首先根据德国工业标准将建筑物主体分解为主体结构、构件和装修等单元，统计各部分建材及设备数量清单，再基于环境影响数据库，考虑建材损耗及运输等因素对碳排放的影响，计算各种建材、设备在其生产过程中的 CO_2 当量排放量。

日本 CASBEE 采用 LCA 方法计算碳排放。《建筑物的 LCA 指南》指出按照建造、运行、维护拆除 3 个阶段计算建筑全生命期碳排放。CASBEE 提供了 2 种 $LCCO_2$（建筑全生命期碳排放）核算过程，分别是标准核算和独立核算。标准核算是基于已输入的与 CO_2 排放相关的指标数据计算 $LCCO_2$。例如在建造阶段，与 $LCCO_2$ 核算相关的指标为"既有主体结构再利用"和"使用循环材料作为结构主体"。在运行阶段，根据能源项的 4 个指标，将各种能源折算成一次能源消耗后乘以相应的碳排放因子计算碳排放量。独立核算需要评价者提供更详细的信息，计算结果也更精确。

《建筑碳排放计算标准》GB/T 51366—2019 明确了建筑碳排放的定

义、计算边界、碳排放因子，全面细致地介绍了建筑全生命期的碳排放计算方法，是我国当前碳排放计算的主要依据。基于全生命期理论，将建筑碳排放计算边界划定为建材生产及运输、使用、建造及拆除阶段的碳排放（表3.2-1）。

碳排放计算方法对比　　　　　　　　　表 3.2-1

评价体系	适用对象	碳排放核算方法	碳排放核算过程	碳排放核算影响因素
ISO 16745：2017	城市、建筑群或单个建筑	碳排放指标：基于建筑的能耗数据和建筑相关信息，测量既有建筑运营阶段碳排放	运营阶段的CM1、CM2与CM3	建筑使用能源统计数据
德国DGNB	绿色建筑	CCM算法（Common Carbon Metrics）：以建筑全生命期一次能源产生的温室气体排放为研究对象，核算单位为每平方米建筑每年排放的 CO_2 当量千克数	建筑的材料生产与建造 使用期间能耗 维护与更新 拆除和重新利用	环境影响数据库 在线提供建筑产品健康、生态信息
日本CASBEE	绿色建筑	LCA方法：按照建造、运行、维护拆除3个阶段计算建筑全生命期碳排放	建造 运行 维护拆除	标准核算：基于已输入的与 CO_2 排放相关的指标数据 独立核算：评价者提供更详细的信息
GB/T 51366—2019	民用建筑	全生命期理论：建筑设计阶段对碳排放量进行计算，或在建筑物建造后对碳排放量进行核算	建材生产及运输、使用、建造及拆除	建筑能耗计算数据

综合对比上述碳排放计算标准，从建筑碳排放核算阶段划分的角度，《建筑碳排放计算标准》GB/T 51366—2019 最为全面细致，涵盖了建筑全生命期的碳排放计算方法；从数据获取的角度，采用《建筑碳排放计算标准》GB/T 51366—2019 进行碳排放计算时，影响碳排放核算的主要因素为建筑能耗，相比于其他方法所需的环境、建筑产品、材料等影响因素，数据获取难度较小。综合考虑上述因素，本书参考

《建筑碳排放计算标准》GB/T 51366—2019 运行阶段碳排放计算方法，对既有公共建筑碳排放进行预测分析计算。

3.2.2　建筑碳排放模型构建

（1）碳排放计算模型

《建筑碳排放计算标准》GB/T 51366—2019 将建筑碳排放定义为建筑物在与其有关的建材生产及运输、建造及拆除、运行阶段产生的温室气体排放的总和，以二氧化碳当量表示。

建筑全生命周期当中，建材生产及运输阶段碳排放水平受到项目位置、结构体系、项目体量等因素影响，与项目设计及技术措施关系较低，同时该阶段碳排放占项目全生命周期碳排放比例较低，约为10%，比例较为固定，其主要决定因素为建材生产企业在建材生产及运输过程中排放水平，与项目开发过程无关。因此确定既有公共建筑碳排放的重点为运行阶段碳排放。

建筑运行碳排放包括暖通空调、生活热水、照明及电梯、可再生能源、建筑碳汇系统在建筑运行期间的碳排放量。既有公共建筑碳排放包括空调、供暖、照明、电梯、生活热水能耗对应的碳排放。核算的边界与范围如图 3.2-1 所示。

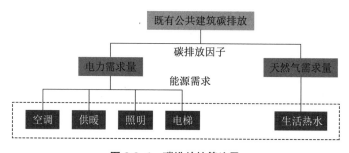

图 3.2-1　碳排放核算边界

依据公共建筑类型以及用能特点，将既有公共建筑碳排放分为办公建筑、商场建筑、酒店建筑、医院建筑、学校建筑、其他建筑（包括文化建筑、交通建筑等）碳排放。每部分碳排放计算由各自的能耗情况乘以碳排放因子得到，每部分能耗由进行节能改造面积乘以改造部分的能耗强度和未进行节能改造面积乘以未改造部分的能耗强度得到。

碳排放计算模型如下：

$$C_Z = \sum_1^6 A_{gi} \times EQ_{gi} \times EF_R + \sum_1^6 A_{wi} \times EQ_{wi} \times EF_R$$

$$C_J = \sum_1^6 A_{gi} \times ED_{gi} \times EF_D + \sum_1^6 A_{wi} \times ED_{wi} \times EF_D$$

$$C = C_Z + C_J$$

式中：C_Z——既有公共建筑直接碳排放；

C_J——既有公共建筑间接碳排放；

C——既有公共建筑碳排放；

A_{gi}——不同类型公共建筑改造面积，包括办公、商场、酒店、医院、学校、其他既有公共建筑类型；

A_{wi}——不同类型公共建筑未改造面积，包括办公、商场、酒店、医院、学校、其他既有公共建筑类型；

EQ_{gi}——不同类型公共建筑改造部分气耗强度；

EQ_{wi}——不同类型公共建筑未改造部分气耗强度；

ED_{gi}——不同类型公共建筑改造部分电耗强度；

ED_{wi}——不同类型公共建筑未改造部分电耗强度；

EF_R——燃气碳排放因子；

EF_D——电力碳排放因子。

（2）关键影响因素分析

①既有公共建筑面积总量

梳理公共建筑碳排放相关研究发现，公共建筑面积的增长导致了公共建筑碳排放量的增长[43]，既有公共建筑规模总量是公共建筑碳排放的主要影响因素之一。中国建筑节能协会、清华大学、住房和城乡建设部标准定额研究所等对公共建筑规模总量及预测开展了相关研究。

中国建筑节能协会发布的《中国建筑能耗与碳排放研究报告2022》中显示，根据第七次全国人口普查数据推算，2020年全国建筑存量为696亿m²，其中20%为公共建筑，既有公共建筑面积为142亿m²。

清华大学发布的《中国建筑节能年度发展研究报告2022》显示，每年大量建筑的竣工使得我国建筑面积的存量不断高速增长，采用CBEEM模型对逐年建筑面积进行估算，2020年我国建筑面积总量约660亿m²，其中，公共建筑面积140亿m²。

住房和城乡建设部标准定额研究所根据中国建筑业统计年鉴1994~2014年竣工建筑面积统计数据、年末实有城镇住宅净增面积，应用公共建筑与居住建筑占比及变化规律，测算逐年公共建筑的净增面积。根据测算结果，2020年全国公共建筑面积为152亿m²。

综合上述研究成果，各机构对于既有公共建筑面积规模的测算相差不大，从人口因素驱动面积需求变化的角度，本书采用中国建筑节能协会的142亿m²既有公共建筑面积存量数据为基础，不考虑每年新增公共建筑的碳排放影响。

②公共建筑改造面积

根据住房和城乡建设部发布的《建筑节能与绿色建筑发展"十三五"规划》，"十二五"期间，确定公共建筑节能改造重点城市11个，实施改造面积4864万m²，带动全国实施改造面积1.1亿m²。2022年3月11日，住房和城乡建设部正式发布《"十四五"建筑节能与绿色建筑发展规划》，"十三五"期间，公共建筑能效提升持续推进，重点城市建设取得新进展，完成公共建筑节能改造面积1.85亿m²，单位建筑面积能耗、人均综合能耗、人均用水量与2015年相比分别下降了

10.07%、11.11% 和 15.07%，由公共建筑节能改造带来的节能降碳成效显著，公共建筑改造规模是碳排放的关键影响因素之一。

根据《"十四五"建筑节能与绿色建筑发展规划》，"十四五"期间，持续推进公共建筑能效提升重点城市建设，加强用能系统和围护结构改造，推动公共建筑定期开展用能设备运行调适，提高能效水平，累计完成既有公共建筑节能改造 2.5 亿 m^2 以上。基于此确定本书公共建筑改造面积。结合上海、天津等地提出的公共建筑节能改造和调适面积规划目标，确定全国公共建筑改造和调适面积比例。

③公共建筑能耗强度

公共建筑的能耗强度能够直接反映公共建筑的用能情况，继而反映由用能带来的碳排放情况，因此，在既有公共建筑低碳发展的过程中，能耗强度是重要的影响因素之一。

依据《民用建筑能耗标准》GB/T 51161—2016 中对于不同气候区不同类型公共建筑能耗强度指标的约束值，结合中国建筑科学研究院有限公司对于既有公共建筑综合性能现状普查调研与分析的研究成果，确定既有公共建筑各建筑类型的能耗强度现状。未改造的既有公共建筑能耗强度视为维持现状强度不变。

基于 2020 年既有公共建筑各建筑类型能耗强度（办公、商场、酒店、医院、学校、其他）及其面积占比加权得出，2020 年既有公共建筑平均能耗强度为 29.58 $kgce/m^2$。根据《城乡建设领域碳达峰实施方案》（建标〔2022〕53 号），为做好城乡建设领域碳达峰工作，"十四五"期间，持续推进公共建筑能效提升重点城市建设，到 2030 年地级以上重点城市全部完成改造任务，改造后实现整体能效提升 20% 以上，加强空调、照明、电梯等重点用能设备运行调适，提升设备能效，到 2030 年实现公共建筑机电系统的总体能效在现有水平上提升 10%。基于此，在现状基础上，设定公共建筑节能改造能耗强度提升 20%、调适能耗强度提升 10%。

④碳排放因子

碳排放因子对碳排放的影响起到关键作用，特别是电力碳排放因子，是对技术进步的直接反映，对公共建筑碳排放量有着较大的影响。根据《我国中长期发电能力及电力需求发展预测》《能源生产和消费革命战略（2016—2030）》等的要求，结合清华大学对于电力碳排放因子、天然气碳排放因子的分析预测，确定本书采用的碳排放因子。电力碳排放因子发展趋势如图 3.2-2 所示，随着技术进步，清洁能源发电逐步增多，电力碳排放因子逐年下降，到 2060 年，清洁能源发电量占全部发电量的比重将达到 87% 左右。

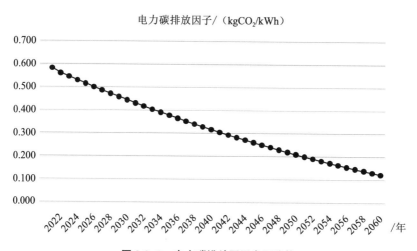

图 3.2-2　电力碳排放因子发展趋势

3.2.3　既有公共建筑低碳目标预测

（1）情景分析

在上述既有公共建筑碳排放计算思路的基础上，采取情景分析预测方法，以既有公共建筑改造规模为变量，设定不同强度发展情景。依据《"十四五"建筑节能与绿色建筑发展规划》要求，到 2025 年，完成既有公共建筑节能改造面积 2.5 亿 m^2 以上的规划目标，设定三种不同情景的公共建筑改造面积总量目标（表 3.2-2）。

①基准控制情景

既有公共建筑改造速度按照现行规划发展趋势进行。按照住房和城乡建设部发布的《"十四五"建筑节能与绿色建筑发展规划》（建标〔2022〕24 号）目标要求，2021～2025 年，累计完成既有公共建筑节能改造 2.5 亿 m^2 以上，以上海、天津等地提出的"十四五"公共建筑节能改造和调适面积目标为参考，确定全国公共建筑调适面积 0.5 亿 m^2。2025 年之后的公共建筑改造和调适规模按照当前政策惯性进行，改造能效提升效果与"十四五"规划目标相同。

②中等控制情景

既有公共建筑改造速度在基准控制情景上适度加快，2021～2025 年，按照既定规划目标开展改造工作，完成 2.5 亿 m^2 公共建筑节能改造和 0.5 亿 m^2 公共建筑调适；2026～2035 年完成 9.5 亿 m^2 非节能公共建筑节能改造和 1.9 亿 m^2 公共建筑调适；2036～2060 年完成 47.5 亿 m^2 既有公共建筑节能改造和 9.5 亿 m^2 公共建筑调适，累计节能改造面积约占既有公共建筑面积的 42%，改造后能效提升 20%，累计调适面积占公共建筑面积约 8%，调适后能效提升 10%。

③严格控制情景

既有公共建筑改造和调适速度在中等控制情景基础上进一步加快，2021～2025 年，按照既定规划目标开展改造工作，完成 2.5 亿 m^2 公共建筑节能改造和 0.5 亿 m^2 公共建筑调适；2026～2035 年完成 12.0 亿 m^2 非节能公共建筑节能改造和 2.4 亿 m^2 公共建筑调适；2036～2060 年完成 80.5 亿 m^2 既有公共建筑改造和 16.1 亿 m^2 公共建筑调适，累计改造面积约占既有公共建筑面积的 66%，改造后能效提升 20%，累计调适面积占公共建筑面积约 13%，调适后能效提升 10%。

情景设定　　　　　　　　　　表 3.2-2

情景设置	关键因素		2021~2025	2026~2030	2031~2035	2036~2060
基准控制情景	改造	面积/亿 m²	2.5	3.15	3.75	29.25
		强度	提升20%	提升20%	提升20%	提升20%
	调适	面积/亿 m²	0.5	0.63	0.75	5.85
		强度	提升10%	提升10%	提升10%	提升10%
	碳排放因子	电*/（kgCO₂/kWh）	0.5059	0.4538	0.4171	0.3455
		天然气/（kgCO₂/m³）	1.41			
中等控制情景	改造	面积/亿 m²	2.5	3.5	6.0	47.5
		强度	提升20%	提升20%	提升20%	提升20%
	调适	面积/亿 m²	0.5	0.7	1.2	9.5
		强度	提升10%	提升10%	提升10%	提升10%
	碳排放因子	电*/（kgCO₂/kWh）	0.4865	0.4134	0.3637	0.1958
		天然气/（kgCO₂/m³）	1.41			
严格控制情景	改造	面积/亿 m²	2.5	4.5	7.5	80.5
		强度	提升20%	提升20%	提升20%	提升20%
	调适	面积/亿 m²	0.5	0.9	1.5	16.1
		强度	提升10%	提升10%	提升10%	提升10%
	碳排放因子	电*/（kgCO₂/kWh）	0.4476	0.3516	0.2725	0.0761
		天然气/（kgCO₂/m³）	1.41			

注：1. 强度指改造或调适后节能率提升要求；2. *标识数据为时间区间结束节点当年的数值。

　　结合住房和城乡建设部标准定额研究所对于不同类型公共建筑改造面积的预测结果，以公共建筑改造和调适规模总量为约束，预测不同类型公共建筑改造和调适的面积趋势，如图 3.2-3、图 3.2-4 所示，"十四五"期间，按照现有规划目标进行改造和调适，"十五五"逐步加大改造和调适力度。

不同类型公共建筑改造面积/万m²

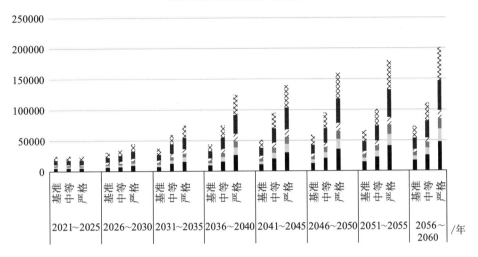

■办公 商场 酒店 ∕医院 ■学校 ×其他

图 3.2-3 不同类型公共建筑改造面积

不同类型公共建筑调适面积/万m²

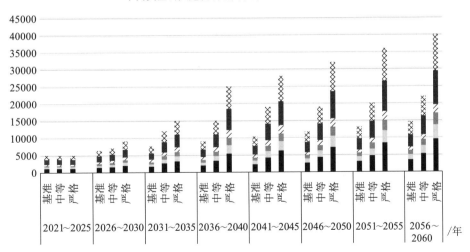

■办公 商场 ■酒店 ∕医院 ■学校 ◇其他

图 3.2-4 不同类型公共建筑调适面积

（2）目标预测

考虑公共建筑中新增面积占存量面积比例较小，《建筑节能与可再生能源利用通用规范》GB 55015—2021 实施后，新建公共建筑执行更高节能标准，节能减碳性能将提升，相对于存量公共建筑改造必要性不大，因此，本书计算不计入新增面积带来的碳排放。根据碳排放模型计算方法和上述关键指标因素分析，以既有公共建筑规模总量为基数，计算得出各年各类型公共建筑用电能耗及用气能耗，采用碳排放因子法，分别计算各年各类公共建筑碳排放量，得出既有公共建筑碳排放趋势，如图 3.2–5、图 3.2–6 所示，在不考虑公共建筑每年新增部分碳排放的情况下，三种情景既有公共建筑总体碳排放发展趋势均在逐渐下降，其中基准情景下，既有公共建筑节能改造和调适面积、强度按照目前政策文件发展要求，预计在 2060 年碳排放值下降至 4.94 亿 tCO$_2$，与 2020 年相比，碳排放降幅达到 36%；中等控制情景下，在基准情景基础上提高节能改造要求，加大节能改造和调适面积规模，预

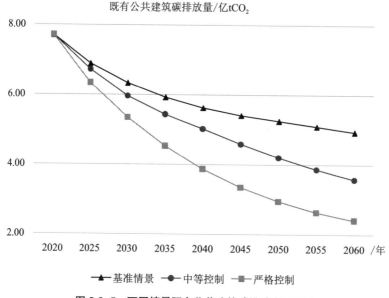

图 3.2–5　不同情景既有公共建筑碳排放发展趋势

不同类型公共建筑碳排放（亿tCO₂）

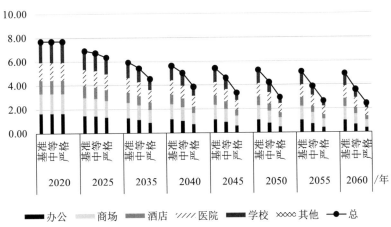

图 3.2-6 不同情景不同类型既有公共建筑碳排放发展趋势

计在 2060 年碳排放值下降至 3.58 亿 tCO₂，与 2020 年相比，碳排放降幅达到 54%；严格控制情景在中等情景的基础上，进一步加速节能改造进程，预计在 2060 年碳排放值下降至 2.41 亿 tCO₂，与 2020 年相比，碳排放降幅达到 69%。

基于上述分析预测，当各项节能降碳措施力度不断加大时，既有公共建筑节能降碳效果越发明显，对建筑领域的减碳贡献越大，从这一视角，应选择情景 3 确定低碳发展目标。但是，在考虑减碳贡献的同时，仍需考虑大规模节能改造带来的经济支撑能力、各地方在实际推广中的难度与可行性。回溯以往改造历程，"十二五"期间为工作试点阶段，全国设立了北京、天津、重庆等 11 个公共建筑节能改造重点城市，总共实施改造面积 4864 万 m²，带动全国范围实施既有公共建筑节能改造 1.1 亿 m²；进入"十三五"，随着能效提升试点城市工作开展、节能改造理念深入及各地方对节能改造工作的重视，公共建筑节能改造工作进一步铺开，全国范围完成公共建筑节能改造面积 1.85 亿 m²。当下，"十四五"期间确立了 2.5 亿 m² 的改造目标，但从 2021 年、

2022年各地落实效果来看，受新冠疫情及整体经济形势影响，新建房地产市场和既有公共建筑改造均进展比较缓慢，"十四五"目标任务艰巨；与此同时，从改造成本的角度，考虑照明系统改造、空调系统改造、节能调适、可再生能源利用等不同改造技术成本差异较大，但按180~500元/m²的平均水平测算，"十五五"时期，情景3中4.5亿m²的改造目标完成需要有810亿~2250亿元的资金支持，在当前财政收紧、补贴情况不确定的前提下，既有公共建筑业主改造动力不足，改造目标完成面临一定压力。因此，综合我国经济发展、政策支撑能力、实践层面落实的难易程度，选定情景2作为既有公共建筑未来低碳发展的适宜情景。

综上，针对2020年142亿m²的存量既有公共建筑，在2021~2035年总体节能改造实施能力达到12亿m²、调适2.4亿m²时，**既有公共建筑总碳排放量下降约30%**；当2021~2045年总体节能改造实施能力达到29亿m²、调适5.8亿m²时，**基本实现具备改造价值的非节能既有公共建筑应改尽改，既有公共建筑总碳排放量下降约40%**；2045年以后，通过进一步扩大改造和调适规模（对既有公共建筑节能改造面积、调适面积要求的提高）、进一步控制改造后能效提升水平要求、建筑电气化水平提升、用能结构变化，以及电网清洁化推进带来的电力碳排放因子降低，既有公共建筑能耗及碳排放将实现进一步降低，预测2060年我国既有公共建筑碳排放将进一步下降至3.58亿 tCO_2。

分阶段目标如下：

①近期：2021~2025年

完成既有公共建筑节能改造2.50亿m²、调适0.5亿m²，其中前两年进一步总结全国能效提升试点城市工作经验，2023年起进一步加大改造和调适力度，建议参照第一批试点城市确立的"直辖市公共建筑节能改造面积不少于 500 万 m^2、副省级城市不少于 240 万 m^2、其他城市不少于 150 万 m^2" 的标准进一步加大改造规模，全国年改造面积不少于 7000 万 m^2，改造后能效提升 20% 以上；建立公共建筑运行调适制度，推动公共建筑定期开展用能设备运行调适，调适后能效提升 10% 以上。近期，既有公共建筑碳排放由 2020 年末的 7.7 亿 tCO_2 下降为 2025 年的 6.72 亿 tCO_2，整体下降 13%。

②中期：2026～2035 年

完成既有公共建筑节能改造 9.5 亿 m^2，改造后能效提升 20% 以上；完成既有公共建筑调适 1.9 亿 m^2，调适后能效提升 10% 以上，既有公共建筑碳排放由 2025 年末的 6.72 亿 tCO_2 下降为 2030 年的 5.96 亿 tCO_2，2035 年进一步降低至 5.43 亿 tCO_2，整体下降 29%。

③远期：2036～2060 年

完成既有公共建筑节能改造 47.5 亿 m^2，改造后能效提升 20% 以上；完成既有公共建筑调适 9.5 亿 m^2，调适后能效提升 10% 以上，到 2045 年**基本完成对非节能的既有公共建筑应改尽改**，既有公共建筑碳排放由 2035 年末的 5.43 亿 tCO_2 下降为 2060 年的 3.58 亿 tCO_2，整体下降 54%。

3.3 既有公共建筑低碳发展路径

3.3.1 既有公共建筑低碳发展路径构想

既有公共建筑低碳发展从不同维度考虑会有不同发展路径：时间维度，发展路径的核心内涵是确定分阶段实施目标、发展方向；空间维度，发展路径需确定不同区域工作推进的步骤与侧重点，既强调"全国一盘棋"同步落实，又应考虑地区差异与实际特点；要素维度，既有公共建筑规模、单位面积能耗强度、建筑用能结构与建筑用电碳排放因子构成既有公共建筑碳排放计算模型的关键因子，这四项因素也是控制其碳排放最核心、最直接的入手点，因此，本书从因素视角，探讨推进既有公共建筑低碳发展的关键路径。

四类因素共同影响既有公共建筑碳排放规模总量,由碳排放计算模型可知,四类因素存在"此消彼长"关系。以改造规模目标和改造强度为例,以往我国推行的既有公共建筑节能改造示范城市、能效提升示范城市建设中,每个城市在规定建设周期中的改造任务一般为 400 万 m² 或 500 万 m²,要求项目改造后的能效提升 15% 以上,只有满足改造后提升 15% 的要求时,政府才会给予一定的财政补贴。但长远来看,未来大规模改造不可能单纯依赖政府的财政支持,当由于成本费用原因导致既有公共建筑改造规模目标有限时,整体能耗及碳排放的降低压力便落在"改造后能耗强度""能源碳排放因子"等因素上。因此,四类因素协同作用,共同对碳排放降低作出贡献。

由四类因素出发,形成了"四位一体"的既有公共建筑低碳发展路径:

既有建筑规模控制路径:强既有、弱新建,不断加大改造规模;

建筑能耗强度控制路径:重既有、控新建,深挖节能降碳潜力;

建筑用能结构优化路径:末端优化,加速清洁能源高效替代;

碳排放因子控制路径:源头控制,推进市政电网绿色低碳转型。

"四位一体"路径架构如图 3.3-1 所示。

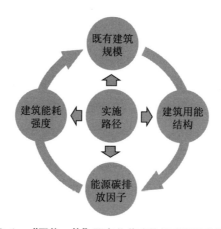

图 3.3-1　"四位一体"既有公共建筑低碳发展路径构想

3.3.2 既有公共建筑低碳发展具体路径

在"四位一体"低碳发展路径构想下,分别对既有建筑规模、建筑能耗强度、建筑用能结构、能源碳排放因子"多手发力",从全局、系统的角度分别控制影响其变化的关键因素,形成低碳发展具体路径,如图3.3-2所示。

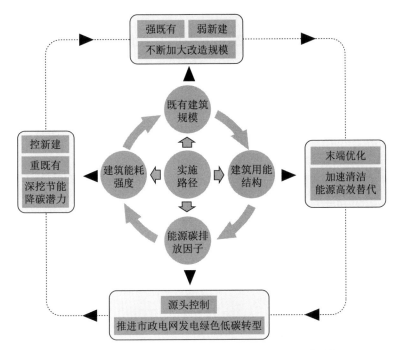

图 3.3-2　"四位一体"既有公共建筑低碳发展具体路径

具体分析如下:

(1)既有建筑规模控制路径:强既有、弱新建,不断加大改造规模

一是加大既有建筑低碳改造力度。在既有公共建筑50年的设计使用年限中,建筑持续消耗着能源资源,且伴随年代推移、性能降低、需求提高,既有公共建筑整体能耗及碳排放将逐渐增大。针对性能差、能耗高、碳排大的建筑,只有不断推行改造,且不断加大改造实施力度、扩大改造规模,才能保障既有公共建筑改造带来的碳排放降低大

于新建公共建筑增加带来的碳排放增长，公共建筑"总碳排放池"才能保障"流出"大于"流入"。因此，一定的改造规模是确保低碳发展的首要因素，综合顶层碳排放目标控制要求、底层经济技术支撑能力等，未来应循序渐进扩大改造规模。结合 3.2 节确立的改造目标，近期（2021～2025 年）应开展 2.50 亿 m^2 节能改造，重点是对年代久远、性能较大的"非节能建筑"重点改造；中期（2026～2035 年）应开展 9.50 亿 m^2 节能改造，目标是基本将 1990 年以前建成的"非节能建筑"全部改造完毕；远期（2036～2060 年）应开展 47.50 亿 m^2 节能改造，在未来持续推进更大规模的既有公共建筑进一步能效提升。

二是合理控制新建公共建筑规模。新建公共建筑建成后即进入运行使用状态，从属性上转变为既有公共建筑，因此，新建公共建筑规模过快增长必然影响既有公共建筑整体能源消耗及碳排放。当前，我国城市建设已由快速开发建设转向存量提质改造和增量结构调整并重的发展阶段，既有公共建筑低碳发展应在深耕既有建筑的同时，同步控制新建建筑规模。未来应在保障适宜人均公共建筑面积和公共服务的基础上，针对不同类型建筑制定差异化控制措施。如针对党政机关办公建筑，应根据实际办公人数严格控制政府办公建筑规模；针对新建铁路客站、机场等交通枢纽，应根据当地人口规模、经济发展水平、人口流动情况、所在地交通需求等来规划控制；针对医院、学校、文体场馆等保障居民医疗、教育、社会活动的场所，应根据所在地经济发展水平及基础公共服务短板，在近期及中期内适当增加，远期严格控制。

（2）建筑能耗强度控制路径：重既有、控新建，深挖节能降碳潜力

一是推进更高能效的节能改造＋系统调适。我国在"十二五"节能改造示范城市建设、"十三五"能效提升重点城市建设中，制定了单体改造后能效提升 15% 及以上的改造目标；在住房和城乡建设部、国

家发展改革委联合发布的《住房和城乡建设领域碳达峰实施方案》中，要求 2030 年前落实"改造后能效提升 20%、调适后能效提升 10%"的目标。在 2030 年以后，为保障碳排放达峰后真正实现峰值后持续降低、不再"翘尾反弹"，应制订更高标准要求、更高能效的节能改造 + 系统调适要求。具体来看，近期（2021～2025 年）要求项目改造后能效提升 20%、调适后能效提升 10%；中期（2026～2035 年），在全国继续贯彻"项目改造后能效提升 20%、调适后能效提升 10%"的底线要求，同时在京津冀、长三角、珠三角等地区探索推行更高标准的改造要求；此外，重点开展"系统更新"+"能效测评"行动，对机电系统使用满 15 年的既有公共建筑开展系统更换，出台相关管理文件及配套技术标准，同步推进能源审计 + 能效测评 + 能效公示系列工作；远期（2036～2060 年），应推行既有公共建筑低碳化改造，深入推动改造工作由节能向低碳转变，真正实现从能耗双控向碳排放双控转变，严格落实碳排放强度控制要求，改造后采用更高能效标识认证及碳标识认证的机电系统产品；同时持续推进"系统更新"+"能效测评"行动。

二是建设更低碳的新建公共建筑。新建公共建筑应提高建设要求，执行更高能效水平的超低能耗、近零能耗、零碳建筑等低碳建筑技术标准。政府投资项目、大型公共建筑率先垂范，坚持建筑单体碳排放总量、强度"双控"约束，同时落实地方关于绿色建筑、零碳建筑的政策要求。例如，2022 年 12 月北京发布的《北京市民用建筑节能降碳工作方案暨"十四五"时期民用建筑绿色发展规划》提出"到 2025 年，本市新建公共建筑力争全面执行绿色建筑二星级及以上标准，城市副中心新建公共建筑执行绿色建筑三星级标准，核心区新建建筑执行绿色建筑三星级标准"；山东提出了"自 2019 年 3 月 1 日起，政府投资或者以政府投资为主的公共建筑以及其他大型公共建筑应当按照二星级以上绿色建筑标准进行建设"；深圳提出了"大型公共建筑和国家办公建筑应不低于二星级"。伴随国家标准《建筑节能与可再生能源利用通用规范》GB 55015—2021、《零碳建筑技术标准》等颁布实施，新建公共建筑节能标准的提高是必然趋势，也将倒逼管理者从设计、施工、运行和改造各个环节降低公共建筑实际用能强度。

（3）建筑用能结构优化路径：末端优化，加速清洁能源的高效替代

一是加快建筑电气化进程。针对既有公共建筑，着力提升建筑末端电能替代比例，建立以电力消费为核心的既有公共建筑能源消费体系，实现电能对常规能源的替代。据研究团队对国内典型省市统计，2020年既有公共建筑用电占其全部能耗的比例约为54%，相比《住房和城乡建设部　国家发展改革委关于印发城乡建设领域碳达峰实施方案的通知》（建标〔2022〕53号）提出的"到2030年建筑用电占建筑能耗比例超过65%"的目标仍有差距。因此，应推进有炊事需求的既有公共建筑开展电气化改造，利用电磁炉、电陶炉等代替燃气炊具；同时重点发展高效电制冷/热、高密度低成本蓄冷/热、储能等技术，开展供热改造，采取使用高效空气源热泵或地源、水源热泵为建筑供暖等措施，不断提高既有公共建筑末端用电比例，使公共建筑整体用电比例不断提高。中远期应探索建筑用电设备智能群控技术，在满足用电需求前提下，合理调配用电负荷，推进"电能替代+数字化"，为实现电能替代设施智能控制、参与电力系统灵活互动提供技术支撑。考虑公共建筑相比居住建筑开展电气化改造更易推进，建议2025年既有公共建筑用电占比应提升至60%，2030年宜提升至70%以上，使建筑领域整体实现2030年65%的电能消耗比例要求。伴随国家整体终端能源消费电气化水平的提升，建筑用电比例将在未来持续提高，一些省市也已提出了更高的发展目标要求，如《福建省城乡建设领域碳达峰实施方案》已明确提出"引导生活热水、炊事等向全屋电气化发展，

到 2030 年建筑用电占建筑能耗比例超过 90%"。从国家整体全局来看，现存的既有公共建筑未来用电比例将达到 80% 以上。

二是加快可再生能源建筑应用。据住房和城乡建设部相关统计数据，截至 2020 年，我国建筑可再生能源利用率为 6% 左右，按《住房和城乡建设部　国家发展改革委关于印发城乡建设领域碳达峰实施方案的通知》（建标〔2022〕53 号）要求，2030 年这一比例应提升至 8% 以上。未来，实现碳排放的持续降低离不开可再生能源在建筑领域应用比例的不断提高，相比建筑本体能效水平的提升，可再生能源的替代应用能够从源头端实现碳减排。未来应加强可再生能源建筑应用推进力度，对既有公共建筑改造制定明确的加装光伏面积比例要求；针对符合条件的学校、医院、旅馆等有稳定热水需求的公共建筑，推广太阳能集中热水系统应用；丰富可再生能源在既有建筑中的应用形式，提升应用比例，整体推动空气能、太阳能等多种可再生能源综合应用。

（4）碳排放因子控制路径：源头控制，推进市政电网绿色低碳转型

电力碳排放因子对既有公共建筑碳排放有重要影响，尤其伴随电气化进程加快、建筑终端用电比例提升，电力碳排放因子的降低将对整体碳排放降低具有重大贡献。"建筑用能电力化、电力生产清洁化"是未来建筑行业以及电力能源行业的发展趋势。建筑行业作为电力使用端，虽然无法左右电力生产环节，但电力生产低碳转型却对建筑整体碳排放影响巨大，因此，应从国家角度整体统筹，推进市政电网绿色低碳转型。国家能源局发布的《2021 年度全国可再生能源电力发展监测评价报告》显示，截至 2021 年年底，全国可再生能源发电累计装机容量 10.63 亿 kWh，同比增长约 13.8%，占全部电力装机的 44.8%；全国可再生能源发电量达 2.48 万亿 kWh，占全部发电量的 29.7%；全国可再生能源电力实际消纳量为 2.44 万亿 kWh，占全社会用电量比重为 29.4%，同比提高 0.6%，由此可见，电力生产结构持续优化，清洁

用电比例不断提高。未来，应推进可再生能源电力开发更加低碳化，电力的输送与使用更加智能化，以智能控制技术的广泛应用使电力资源能在更大范围内实现灵活高效配置，促进不稳定非化石能源的消纳，整体构建电力生产—电力输送—电力智慧控制全链条低碳化，实现电网发电与既有建筑末端负荷的高效、动态匹配。

4 既有公共建筑低碳改造提升设计方法与技术

由于既有建筑建造年代不同，围护结构热工性能和供暖空调设备等机电系统的能效不同，在制定低碳改造提升方案前，要对既有建筑用能现状进行诊断，提出经济合理、技术可行的改造方案，并最大限度地挖掘现有设备和系统的节能潜力，降低建筑碳排放。

既有公共建筑在外围护结构、供暖、通风、空调、给水排水及照明方面有较大的节能改造潜力，近年来，电梯节能也越来越引起人们的重视。因此，本章节提出的改造目标主要是提高围护结构保温隔热性能，降低供暖、通风、空调、给水排水、照明及电梯等机电系统的能源消耗和碳排放，其中不包括电器设备、炊事等设备改造。

4.1 建筑低碳改造优化

既有公共建筑改造设计作为改造活动的开篇，对后期的碳排放具有深远影响。在低碳改造中，方案设计与技术策略应相辅相成，需对各类建筑信息进行分层归类，综合考虑艺术、技术和经济因素，使方案既符合艺术标准，又兼具技术和经济性。通过对环境气候、材料和能源等因素的分析模拟，优化建筑结构和施工方法，确保设计方案的科学性、经济性和可行性。让低碳建筑不再因为"先天"的不足不得已依赖"后天"技术补救，从根本上实现可观、可控的碳排放范围，真正实现低碳建筑改造设计（图 4.1-1）。

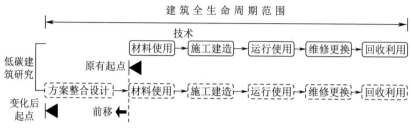

图 4.1-1　建筑生命周期图

4.1.1　建筑形态与围护结构

（1）建筑形态

既有公共建筑有着属于本体的建筑形态。相关研究表明[45]，体形系数、建筑朝向、窗墙比、遮阳系数、屋顶形式等因素是影响建筑碳排放的关键设计因子（图 4.1-2）。不同于新建建筑，既有公共建筑由于其特定历史时期的局限，加上岁月的洗礼，项目中不可避免地存在一定缺陷。针对这些不足，有必要对既有公共建筑建筑形体进行适当优化，但不能对其任意改造。需要对建筑进行详细的测绘、检测、记录与评估等，深刻细致地了解其既有特性，并制定相应的减碳改造策略。

建筑体形系数越大，形体越复杂，其围护结构的散热面积就越大，建筑物整体能耗就越大。体形系数对建筑的碳排放影响非常显著，如图 4.1-2 所示。由于既有建筑体形不可能随意改变，但在条件允许的情况下，可进行局部调整。例如将建筑的局部突出空间，设定为非供暖空间，对于凹形的建筑空间，可利用轻质结构进行封闭，形成密闭空间。这些细微的改变可在一定程度上减小建筑的体形系数，达到减碳的目的。

窗墙比对建筑能耗的影响显著。在既有公共建筑改造过程中，可以通过软件模拟来计算最佳窗墙比，并对门窗洞口进行适当的增减和调整。增减洞口需要根据具体情况进行分析，不能破坏结构主体，并避免对建筑空间的使用功能产生负面影响。

此外，建筑的屋顶形式也会影响碳排放。一般来说，随着屋顶坡度的增加，单位面积的碳排放量也会增加。因此，在遇到坡屋顶建筑改造项目时，建议适当降低屋顶坡度，或者在坡屋顶部分加装吊顶，形成密闭空间，以有效降低碳排放。

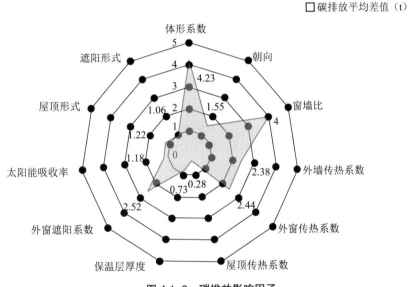

图 4.1-2　碳排放影响因子

（2）围护结构

①墙体减碳改造

在建筑外围护结构中，外墙占据了最大的比例，因此墙体传热造成的热损失也占整个建筑热损失的大部分。为了降低建筑能耗和碳排放，对外墙进行保温隔热改造是一种有效的方法。此外，墙体也是建筑蓄热、平衡室内温度环境的重要构件。研究表明，良好的蓄热能力可以有效降低建筑能耗。

墙体保温改造

在既有公共建筑改造过程中，外墙保温可以采取外保温、内保温和夹芯保温三种方式。实践表明，外保温改造的优势在于不占用建筑使用面积，施工便利，还能保护建筑的主体结构，发挥墙体结构蓄热能力强的优势。因此，在改造中应尽可能采用外保温构造。同时，保温层应选用导热系数低、吸水率低、稳定性好、防火性和防腐性优良的保温材料。

在墙体保温改造案例中，通过创新使用保温构造，可以给建筑空间带来意想不到的效果。例如，在德国慕尼黑仓库改造成办公室的项目中（图4.1-3），设计师托马斯·赫尔佐格附加一个双层薄膜结构作为建筑的内保温，这个半透明的内保温结构是由软而薄的氟乙酰胺塑料围合成的一个空间腔体，既改善了室内的热环境，也是独特的室内装修元素。但薄膜围合的空间可能会对自然通风产生不利影响。

图4.1-3　托马斯·赫尔佐格主持的仓库改造

（图片来源：英格伯格·弗拉格《托马斯·赫尔佐格》）

通风式双层幕墙

通风式双层幕墙是通过在原有建筑墙体之上附加一层墙体来改善墙体的保温隔热性能的技术。该技术通过在附加墙体与原墙体之间形成一个空气间层，并通过局部开合实现空气流动，从而实现热工性能的提升、碳排放的减少，并实现一定的装饰效果。

在挪威科技大学的办公楼改造项目中（图4.1-4），为了提高墙体性能，并未对原有墙体进行拆除重建，而是在其外加建了一层独立幕墙。新的幕墙距离原墙体80 cm，并在对应原窗口位置设有可开启的窗户，顶部设置排风口，形成了一个可以呼吸的系统。冬季关闭风口形成温室效应；夏季打开风口，烟囱效应形成的气流会带走空气间层内的热量。该附加幕墙由钢结构和玻璃构成，使建筑立面焕然一新。

改造前　　　　　　改造后　　　　　　构造节点

图 4.1-4　挪威科技大学办公楼改造外立面

（图片来源：学位论文《既有建筑绿色改造策略初探》）

墙体垂直绿化

墙体垂直绿化是一种相对经济且有效的墙体改造方式，它不仅可以改善墙体的保温隔热性能，减少碳排放，还能美化环境，增加碳汇。墙面绿化的做法有多种，常见的包括模块式、铺贴式、板槽式和攀缘或垂吊式四种做法。

天友绿色中心（图4.1-5）采用了艺术性分段拉丝垂直绿化模式，属于攀缘式。利用多年生缠绕型植物进行分层生长，形成了建筑的绿色表皮。这种设计不仅能够提供良好的保温隔热效果，还能够创造出独特的艺术外观。

深圳南海意库1号楼改造项目（图4.1-6）采用了模块式立面垂直绿化设计。模块箱体的使用使得施工更加方便，并且在立面上形成了强烈的韵律感。这种设计不仅能够提供保温隔热的功能，还能够为建筑增添现代感和美观度。

　　总之，墙体垂直绿化是一种具有多重优点的墙体改造方式。无论是采用攀缘式还是模块式设计，都能够在改善墙体性能的同时，美化环境并增加碳汇。这些实例展示了墙体垂直绿化在不同项目中的成功应用，为未来的建筑设计提供了有益的借鉴。

图 4.1-5　天友节能中心垂直绿化

②屋面减碳改造

　　屋面是建筑围护结构中的一个重要部分，对建筑的能耗和运行碳排放有着显著影响。根据统计，屋面能耗占围护结构总能耗的22%。因此，对屋面进行节能改造具有重要意义。

　　在屋面改造技术方面，主要有三种方法：干铺保温隔热屋面、架空保温隔热屋面和绿化屋顶。这些方法都能够有效地提高屋面的保温隔热性能，减少能源消耗和碳排放。

　　具体来说，干铺保温隔热屋面是将保温材料干铺在屋面上，形成一层保护层，以达到保温隔热的目的。架空保温隔热屋面则是在屋面上架设一定高度的空间，并在其中填充保温材料，以增加空气层的热阻，提高保温效果。绿化屋顶则是在屋面上种植植物，利用植物的生长来达到保温隔热的效果，同时也美化环境。

屋面改造应根据屋面的类型选择合适的改造措施。如果原有的防水层可靠，可以直接进行倒置式屋面的改造；如果防水层存在渗漏问题，则需要先铲除原防水层，重新做保温层和防水层。此外，还可以考虑将平屋面改为坡屋面，铺设耐久性、防火性好的保温层，以提高保温效果。

总之，屋面改造技术是一种有效的节能手段，可以降低建筑能耗和碳排放。在选择改造方法时，需要根据具体情况综合考虑不同因素，以实现最佳的节能效果。

③外门窗减碳改造

门窗的热工性能是影响室内热环境和建筑能耗的关键因素之一。因此，对普通门窗进行改造是非常必要的。

在严寒和寒冷地区，建议采用双层或三层中空玻璃窗来提高保温隔热性能。此外，入口门可改造成既透光又封闭的保温门，或者加设门斗以增强保温效果。对于窗户改造，可以在原有外窗外侧（或内侧）加建一层，并确保合理间距，以避免层间结露。

在夏热冬冷地区，建议采用双层中空玻璃窗来提高绝热性能。对于东西向外窗，可以采用活动外遮阳和玻璃加膜等隔热措施，以减少夏季热量的进入和冬季热量的散失。

夏热冬暖地区，应重点提高外窗的综合遮阳系数。可以贴低辐射遮阳膜、安装外遮阳装置或更换为 Low-E 玻璃，以有效降低夏季热量的进入和冬季热量的散失。

通过对门窗的改造和采用适当的隔热措施，可以有效提高室内热环境的舒适度，并降低建筑能耗。这些改造措施应根据不同地区的气候特点和需求进行选择和实施，以确保最佳的绝热效果和经济性。

④遮阳改造

遮阳改造是一种有效的方法，可以控制太阳直射光进入室内，改善室内热舒适度，降低建筑冷热负荷。建筑遮阳可以分为内遮阳、外遮阳和中间遮阳。常见的遮阳形式有水平式遮阳、垂直式遮阳、挡板式遮阳和固定翻板遮阳等。使用可变遮阳系统可以获得更好的效果，合理的遮阳形式不仅可以节能减排，还可以美化建筑立面。

在实际的改造案例中，遮阳设施可以与垂直绿化设计相结合。例如，深圳南海意库改造项目（图4.1-6）中的1号、2号、3号楼西立面的遮阳系统。1号楼西立面在原墙面上附加金属框架（框架大小按照原单元窗划分）并局部种植遮阳系统，整个遮阳系统突出了金属轻盈的质感，增强了立面的整体感；2号楼西立面在原墙面附加混凝土框架并局部种植遮阳系统，白色的混凝土框架形式感突出，整个遮阳系统取代了原来的立面成为一个新的立面；3号楼采用局部银白色金属遮阳百叶和钢丝网爬山虎的遮阳形式，这种方式的改造价格低廉，但整体感较弱，植物衰败后立面形象较差。

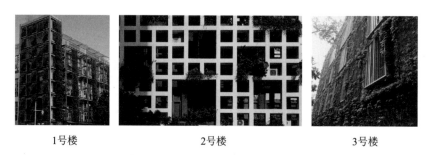

| 1号楼 | 2号楼 | 3号楼 |

图4.1-6　深圳南海意库改造项目的1号、2号、3号楼西立面的遮阳系统

4.1.2　天然采光与通风优化

（1）建筑天然采光

建筑天然采光是一种无污染、无能耗的节能低碳技术。在既有公

共建筑改造中，可以通过改善建筑顶面采光和侧面采光来利用天然采光。顶面采光具有采光效率高、构造简单、布置灵活、易让室内获得均匀照度等特点，是改善公共建筑采光的重要形式。但需要注意，天窗采光容易产生过热现象。侧面采光具有布置灵活、应用普遍、改造施工简单等特点，但容易产生眩光，均匀性较差，区域局限性较大。为了提高建筑自然采光的效果，可以采取以下措施。

①适当调整开窗面积

增大开窗面积和增加开窗数量可以提高天然采光效果，但在改造设计时，应通过软件模拟计算，控制合理的窗墙比。

②屋面天窗布置

根据既有建筑的结构、屋面形态和采光要求进行天窗布置。采用高侧窗、采光顶或锯齿形天窗等竖向开窗的方式可以避免过多直射光进入室内产生眩光，并利于结合室外风压提高通风进风量与排风量。在夏热冬冷地区，应尽量减少水平天窗的面积。

③采光井 / 采光庭院

既有建筑在受到周边环境的遮挡或者进深过大时，可以通过设置采光井 / 采光庭院的方式来改善室内光环境。德国柏林韦丁区变电站改造项目（图 4.1–7），功能由原来的变电站改造成为办公楼，为解决办公室天然采光问题，原变电所两个狭长的排风井被扩大成采光内院，从而改善了内部办公室的采光问题。

④导光管

天然采光往往存在眩光、照度不稳定以及受天气影响大等局限性，无法满足对光照要求严格的公共建筑。采用导光管系统可以改善天然采光的局限性。天然光通过导光装置高效传输并通过漫反射均匀散射至室内，避免了眩光问题，同时利用可调节遮光片控制进光量。导光管系统的使用寿命超过 25 年，几乎没有维护成本，适合作为改善大跨

图 4.1-7 德国柏林韦丁区变电站内庭改造

（图片来源：《变电站改建，韦丁区，柏林，德国》）

度及地下空间采光问题的技术措施。

北京科技大学体育馆是 2008 年北京奥运会柔道、跆拳道比赛馆（图 4.1-8、图 4.1-9）。由于设计中建筑采光天窗开窗的面积非常小，通过天窗进入室内的光线经过吊顶的遮挡，进入场地内已经非常弱，场地内的照度在室外光线非常强的情况下也只有 50 lx，这样的照度只符合场地保养要求。改造设计中采用了太阳能导光管系统，百余根大直径、多种规格的导光管照明系统对观众厅进行采光照明，不但没有对建筑外观造成不良的影响，还改善了建筑空间的光环境，减少了人工照明带来的建筑能耗和碳排放。

⑤导光板

导光板是利用光线反射原理把室外光线引入室内改善室内光环境的装置。导光板采用具有极高反射率的材料做成，如铝、镜面、浅色涂料等。除了附加的导光板构件外，建筑物的悬挑、浅色的地面和屋面也能充当导光板。导光板可以把直射阳光反射到室内更深的地方，

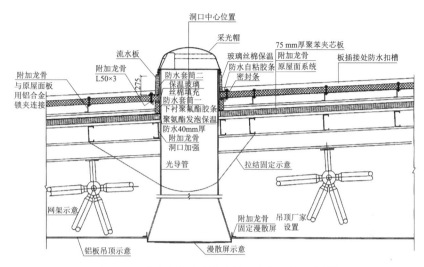

图 4.1-8 北京科技大学体育馆导光管安装节点[46]

图 4.1-9 北京科技大学体育馆及屋顶导光管

可以将阳光反射到顶棚形成漫射光线，调节室内的进光量，提高照明效果，减少眩光等。由于设置导光板拆改程度小，成本较低，是一种十分经济的被动式采光改造技术。

赫尔佐格在德国威斯巴登建筑工业养老金基金会扩建项目中（图

4.1-10）使用了可变导光板系统，该系统可根据不同的天气变化调节自身角度，来保证室内良好的光环境。

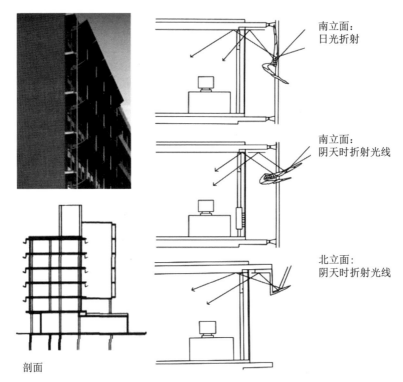

南立面：
日光折射

南立面：
阴天时折射光线

北立面：
阴天时折射光线

剖面

图 4.1-10　德国威斯巴登建筑工业养老金基金会扩建项目中立面的导光板
（图片来源：英格伯格·弗拉格《托马斯·赫尔佐格》）

（2）通风优化

根据建筑位置和朝向，合理设置窗户、通风口等自然通风设施，可以提升自然通风效果。开窗面积、开窗高度以及开启频率等都是影响自然通风效果的关键因素，需要根据季节和室内外温差进行合理调整。例如在夏季，可以通过增大迎风面开窗面积、增加竖直方向上开窗高度等方式增多通风途径，提高自然通风效率。此外，过渡季可调整开窗频率控制自然通风，以取得舒适内环境；冬季则可以适度减少自然通风，以防止室内热量流失过快。当自然通风无法满足舒适要求时，白天可采用空调调节，夜晚利用自然通风来推迟第二天开启空调时间。通过上述策略，能有效减少建筑使用阶段的碳排放，实现能源的有效节约。

①优化开窗形式

通过改变洞口形式、调整洞口大小等方式来改善建筑室内风环境是一种常见的通风优化策略。调整开窗形式可以通过风环境模拟软件来辅助。根据模拟结果制定相应通风优化策略，确定最佳开窗大小、形状和位置。

②设置竖向通风井

对于无法通过优化开窗来改善的自然通风问题，一种可行的解决方案是局部采用竖向通风井来改造室内风环境。竖向通风井具有多种形式，如气井、烟囱和通风塔等。以东南大学前工院的改造项目为例，原始教学楼内廊的采光环境和教室的通风环境均较差，主要依赖外墙侧的对外开窗进行自然通风，室内空气难以形成有效流动。为了改善这一情况，设计团队在建筑中部增加了五个通风竖井，这些竖井可以形成热压通风，促进内部气流流动。结果表明，即使在外部风压较小的情况下，这种设计也能保证建筑内部拥有良好的自然通风，从而维持舒适的室内热环境。

此外，整个前工院改造项目呈现为一种弹性结构，服务空间具有适应性以及很强的灵活性。以通风竖井为核心，结合灵活隔断，可以形成多种功能空间。这一设计理念不仅解决了通风问题，还提升了空间的使用效率和舒适度（图4.1-11）。

③增设中庭

增设中庭是解决建筑自然通风问题的有效手段之一。中庭不仅可以作为生态核心，提供良好的采光和绿化环境，还可以丰富建筑空间的层次感和美感。然而，增设中庭的改造代价较大，需要考虑结构、

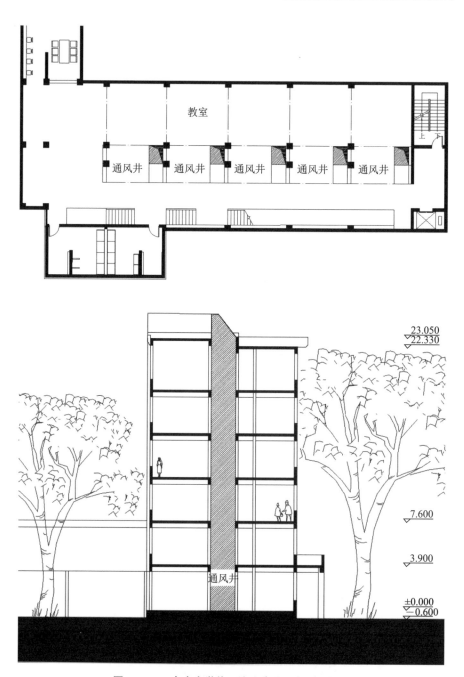

图 4.1-11　东南大学前工院改造项目中的通风井

（图片来源：鲍莉，羊烨：《既有建筑绿色改造中的自然通风技术策略——以东南大学前工院改造为例》）

安全、经济等方面的因素。

在上海申都大厦的改造项目中（图 4.1-12），建筑中部电梯厅缺乏采光。为了解决这个问题，设计团队拆除了局部混凝土楼板，并在紧邻电梯厅的位置设置了从首层到顶层的通高玻璃采光中庭。中庭上部设有联动式可开启扇，通过一系列小开口的共同协作来提高整个室内的被动式通风效果。这种设计不仅解决了电梯厅的采光问题，还改善了室内的通风环境。

需要注意的是，在增设中庭的过程中，需要充分考虑建筑的结构安全性和经济可行性。同时，还需要合理规划中庭的功能和使用方式，以确保其能够发挥最大的效益。

图 4.1-12 上海申都大厦改造项目中的采光中庭

4.1.3 建筑环境与材料优化

（1）建筑环境

在既有公共建筑低碳改造过程中，除了关注建筑本身，还应该对建筑所处环境进行适当改造。建筑周边的环境是城市气候的缩影，会直接对建筑产生影响。因此，可以通过对周边环境的改造来改善建筑的微气候环境。

首先，可以更换室外地面材料来改善建筑室外环境。比如将传统的路面更换为透水地面，将停车场区域的地面材料更换为中空植草砖等。这样可以增加土壤的保水能力，补充地下水，减小土壤的径流系数。雨量较大的时候，还可以缓解室外排水系统的排水压力，改善土壤环境，增加碳汇。

其次，在绿植景观设计时，应优先保留场地内的防辐射植物，并在场地适当位置增补布置高度适中的乔木，利用绿植的枝叶得到一定的阴影面积，实现对场地和建筑的遮阳。绿植的位置和高度可以通过对既有公共建筑接受的辐射量进行分析确定。以上措施对于降低室内环境温度有一定帮助，并可为下一步建筑层面的被动式设计改造打好先决基础。

最后，对于较高的既有公共建筑，有必要对其周围风环境进行模拟优化。风在受到建筑的阻挡后，部分沿建筑表面快速向下在底层形成旋风，另一部分从建筑侧面流走并在拐角处形成高速气流，建筑的背风面则形成涡流区，使得场地通风效果不佳；此外，相邻两栋高层建筑之间由于通风截面收窄，易出现高速峡谷风。以上现象都会降低高层建筑底部周边区域的环境舒适度，甚至威胁到行人和车辆的安全。为了改善以上情况，可在建筑近地范围栽种高大乔木以承接部分下行旋风，弱化近地面临近高层建筑区域的过强风速；同时，也可以在建筑外立面设置垂直绿化，通过提高建筑表面粗糙度来减缓下行风的风速；在建筑之间的场地合理设置绿植景观，选择不同种类的植物，依据位置和高度等进行搭配，利用植物对风流的阻挡作用来弱化街道峡谷风效应，改善场地内的风环境。

（2）材料优化

既有公共建筑建材的碳排放主要来自两个方面：一是建材生产过程中的碳排放，二是建材运输过程中的碳排放。这两个方面的碳排放占据生命周期碳排放总量的 26% 左右。对于建筑师来说，减碳设计可以从以下几个方面考虑。

①减少建材用量，选用低碳建材

在建筑设计中，应选择具有较低碳排放的建材，如使用可再生能源生产的建筑材料、可循环利用的材料等，以减少建材生产过程中的碳排放。通过优化设计和施工工艺，减少建材的使用量，以降低建材生产和运输过程中的碳排放。例如，采用轻量化结构设计、优化构件尺寸等方式来减少钢材和混凝土的使用量。

以宋晔皓团队的改造项目"竹篷乡堂"为例，项目（图 4.1–13）大量使用竹子搭建。竹子是天然材料，在生产过程中不产生碳排放。项目组根据竹子的力学性能巧妙设计了 6 把竹伞撑起的拱顶覆盖的空间，在减少材料用量的同时，让建筑显得异常轻盈，为村民和游客提供休憩聊天、娱乐聚会的公共空间。

图 4.1–13　竹篷乡堂

②重复利用原有材料

在既有公共建筑改造过程中，保留原有结构和外壳、重复利用原有材料是一种重要的设计策略。通过精心和巧妙运用原有建筑的构件和废弃材料，不仅可以实现低成本的节材，还能够承载老建筑的记忆和文化价值。

内蒙古工业大学建筑系馆改造案例（图4.1-14）中，设计师保留了部分原有的材料，并进行了创新利用。例如，建筑内院保留了原先的老旧机器，并将其转化为特色鲜明的后现代雕塑。这些废旧的机器部件被拆下散放在室外小广场上，增添了独特的艺术氛围。另外，镂空的砖墙上锈迹斑斑的钢条被拼成了冰裂的花饰，为建筑增添了一种有趣的视觉效果。此外，建筑西侧外立面上的生锈钢板也被巧妙地用作窗间的装饰构件，为整个建筑增添了一种工业风格的韵味。

通过这种方式，既有公共建筑改造不仅能够节约成本，还能够保护历史文化遗产，并为人们提供一种与过去联系的机会。这种设计理念也符合可持续发展的原则，通过重新利用和再利用材料，减少了对自然资源的消耗，降低了环境影响。因此，在既有公共建筑改造中，保留原有结构和外壳，创新利用原有建筑构件和废弃物，是一种值得推广的设计策略。

图4.1-14　内蒙古工业大学建筑系馆改造案例中原有材料的重复利用[47]

③使用可循环再利用的建材

可再循环材料主要包括金属材料（钢材、铜）、玻璃、铝合金型材、石膏制品、木材等。对于公共建筑而言，建材使用量比一般居住建筑要大，建材的品质要求也更高，因此建筑师在选择建材时，应选择可循环再利用的建材，这对于降低建材生产阶段的碳排放有极大帮助。

④使用本土化建材

建材阶段的碳排放有一部分是由运输造成的，降低运输碳排放的关键就是选取合适的运输距离和运输工具。目前，我国建材运输方式有四种，碳排放因子由大到小分别是航运、公路、水运和铁路。经济合理的方式是选取运输距离与运输方式碳排放因子乘积最小值的组合，以降低运输过程的碳排放。

对于建筑师来说，在方案设计时可通过前期调研，尽量使用本土化建材，提高当地生产建材占全部建材使用量的比例。这种措施一方面可以减少交通运输的碳排放，另一方面更有利于建筑与当地环境共融，产生和谐统一的建筑效果。

位于巴西圣罗保的庞培亚文化中心曾经是一座工厂，建筑师在改造过程中利用了本地材料，如陶土砖、混凝土和金属，保留了工业历史的同时打造了一个充满活力的文化场所（图4.1-15）。

图4.1-15 庞培亚文化中心

⑤使用耐久性好的建材

耐久性好的建材通常具有较长的使用寿命，可以降低更换和维修的频率，从而降低碳排放。这些建材包括一些高性能混凝土、钢材、砖石等。

例如，选用高性能混凝土可以增强建筑物的耐久性，抵抗各种自然环境的侵蚀，如酸雨、海水侵蚀等。相比传统的普通混凝土，高性能混凝土的使用寿命更长，维修和更换周期更长，从而降低碳排放。

选用耐久性好的钢材也可以减少碳排放。钢材具有较高的抗拉强度和耐腐蚀性，能够在长期使用中保持较好的性能。相比之下，一些低质量的钢材容易生锈腐蚀，需要频繁更换，导致增加碳排放。

4.1.4　既有建筑光伏一体化（EBIPV）

EBIPV低碳设计将太阳能光伏板与建筑结构相结合，以取得降低建筑能耗和提高光伏发电效率的双重效果。在EBIPV的低碳设计中，根据气候特点进行优化十分关键。

（1）自然通风优化

对于建筑物而言，自然通风有助于调节室内热舒适度，改善室内空气质量，降低机械通风系统的能耗。对于光伏系统而言，自然通风不仅可以提高光伏组件的发电效率，还可以减少温度过高对系统元件使用寿命的影响。EBIPV的自然通风优化分为通风构造优化和排布方式优化。

通风构造优化通过在EBIPV屋顶构造中添加通风间层来实现。如图4.1-16所示构造优化，一方面利用光伏表面减少阳光直射对屋顶的影响，另一方面利用中间层的热压和风压作用排走热空气。EBIPV立面单元模块还可以通过设置侧面通风口允许外部气流通过腔体来改善散热。

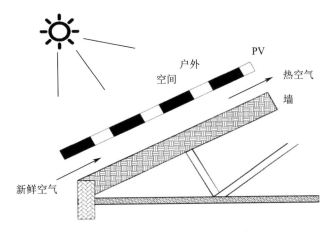

图 4.1-16 通风 EBIPV 屋顶构造

　　EBIPV 立面构造优化还可以参考双层表皮构造系统，由集成在具有空气间层的双层外墙的光伏电池组成。该构造主要利用空气间层充当太阳能烟囱，借助浮力驱动气流通风。

　　（2）光伏板排列优化

　　通过调整 EBIPV 的排布方式，引导风向增强自然通风效果。相关研究表明，阶梯式布置的 EBIPV 屋顶（图 4.1-17）可在通风间层中产生更多的湍流，在冷却光伏组件方面比平面布置更具优势。因此在坡屋顶形式 BIPV 设计时可以考虑阶梯式的排布方式。BIPV 屋顶组件排布时还需要注意当地风向的影响，使迎风面尽可能与通风间层入口垂直，以加强散热通风效果。同时，EBIPV 组件的排布间距还可以结合检修通道进行调整，以增强组件的通风效果。

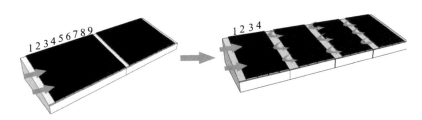

图 4.1-17 EBIPV 屋顶组件排布间距调整优化

（3）遮阳设计优化

遮阳系统可以控制眩光、自然采光和太阳能增益效果，从而降低照明、空调等方面的能源需求。EBIPV 遮阳系统集成了遮阳系统和光伏系统的双重优势，通过转换多余的太阳辐射来发电，并通过控制室内获得的太阳辐射来降低建筑能耗。

和普通的遮阳装置类似，EBIPV 遮阳设备按空间位置分为外遮阳、中间遮阳和内遮阳三种，可根据不同的需求选择合适类型的 EBIPV 遮阳设备。以夏热冬暖区域为例，遮阳的主要目的是防止眩光和过多的太阳辐射进入室内，因此，应优先选择外遮阳形式的 EBIPV 遮阳设备。

外遮阳形式的 EBIPV 遮阳设备根据安装方式可进一步分为固定遮阳和活动遮阳，如表 4.1-1 所示。与固定遮阳相比，活动遮阳可以根据外界环境作出相应的反馈，从而更好地取得遮阳效果。根据调节方式的不同，活动遮阳可分为手动调节和自动调节两种。手动调节 BIPV 遮阳主要靠人控制，人为因素过大，无法保证实际遮阳效果。自动调节的 EBIPV 遮阳通过传感器与智能遮阳管理系统的协同作用，可保证遮阳效果。同时，动态遮阳系统和太阳动态跟踪系统的机械装置耦合，可在遮阳的同时具有更高的发电效率。因此，经济允许的情况下可以考虑选用自动调节 EBIPV 遮阳。自动调节 EBIPV 遮阳设计时，应注意不同目标（视觉舒适度、发电量、减碳）之间的协调性和传感器临界值的设置。同时，还应注意机械系统的复杂性，避免影响后期维护的便利性和经济性。

外遮阳形式的 EBIPV 遮阳设备分类与对比情况　　　表 4.1-1

	调节方式	优点	缺点
固定遮阳	—	安装成本低；易于维护	不灵活；节能效果差；适应性差
活动遮阳	手动调节遮阳	具有一定灵活性	人为因素易影响实际效果；易闲置
	自动调节遮阳	节能效果好；智能；可达成多目标协同	初始成本高；维护成本高

4.2　结构资源化利用

公共建筑的结构设计使用年限是影响建筑使用寿命的重要参数，建筑使用寿命长短对建筑运行阶段和建材物化阶段等全寿命期的碳排放影响显著。通过既有公共建筑的结构加固设计、旧建筑材料再利用等结构资源化利用策略，可延长既有公共建筑的使用寿命，降低其全寿命期的碳排放。

4.2.1　既有结构利用

既有结构利用是在原有建筑结构的基础上充分利用既有建筑结构资源，进行加固设计。结构加固设计前应参照国家标准《民用建筑可靠性鉴定标准》GB 50292—2015 进行可靠性鉴定，并以具有相应资质单位出具的检测报告的结论与建议作为加固设计的依据。由于既有公共建筑的建设年代（采用的设计规范不同，已使用年限不同）与施工质量存在各种差异，实际可靠度差异较大，因此既有公共建筑结构加固设计时不能直接采用现行设计规范，而应采用国家现行有关加固的标准和规范。结构加固设计年限应由业主与设计单位共同商定，一般后续设计使用年限宜按 30 年进行设计；对于使用年限不超过 20 年，又需要加固的，后续设计使用年限为 40 年、50 年或更长。

既有公共建筑结构加固设计分类根据加固目的、加固时间、加固方法、结构类型有不同的方法，目前常用直接加固法和间接加固法作为主要加固方式。直接加固法是直接提高被加固结构构件截面的承载能力和刚度等，主要包括增大截面加固法、置换混凝土加固法、外粘型钢加固法、粘贴钢板加固法、钢夹板加固法（木结构构件）等。间接加固法是改变结构的传力途径、改变构件的内力分布、减少构件的荷载效应，主要包括外加预应力加固法、改变结构受力体系加固法、增设构件加固法等。

直接加固法依据材料又分为相同材料加固和不同材料加固两种方

式。不同材料加固主要指建筑主体材料与采用加固材料不同的方式，如混凝土构件外粘型钢、粘贴纤维布（图4.2-1）加固等，砌体墙外侧采用混凝土夹板墙加固（图4.2-2）等。

图4.2-1　混凝土柱外粘型钢　　　　　图4.2-2　混凝土夹板墙

间接加固方法按照提高强度和变形能力又可分成三类：

（1）提高结构抗震强度。构件加固后强度和刚度大大增加，但构件的延性明显降低，可能出现脆性破坏，因此加固后结构抗震强度的增加应显著大于地震荷载的增加。

（2）提高结构变形能力。当建筑结构变形能力不足时，可采用直接法提高其变形能力，如框架柱增加"矩形钢箍""绕钢丝""钢套筒"等。当结构弹塑性变形过大且需提高其抗剪屈服强度时，可采用"钢斜撑"间接加固法，此方法的变形能力不下降或轻微下降。

（3）提高结构材料强度。结构强度不足且延性很差时，采用角钢贴角，形成劲性钢筋混凝土柱；或外包适当厚度的钢筋混凝土，并采用有效箍筋。

既有公共建筑加固技术和方法众多，各种材料的结构（如混凝土结构、砌块结构、钢结构、木结构等）方法也不尽相同。各种加固技术都有其适用条件和优缺点，应根据公共建筑的结构体系、鉴定结果等因素采用适合的加固技术。随着加固新技术、新材料、新工艺的不断涌现，外粘型钢、粘贴钢板、粘贴纤维布、植筋等加固技术，以及玻璃纤维布、碳纤维布、高性能结构胶（粘钢胶、植筋胶等）、高强钢绞线和渗透聚合物砂浆（图 4.2-3）等新材料都在实际公共建筑加固改造中广泛应用。

（a）玻璃纤维布

（b）碳纤维布

（c）结构胶

（d）高强钢绞线

（e）渗透聚合物砂浆

图 4.2-3　加固材料

4.2.2　既有构件材料利用

在进行既有公共建筑结构加固时，应充分利用原有建筑材料，减少对原有建筑结构和构件的拆除，降低建筑材料使用带来的隐含碳排放（隐含碳排放是建材生产和运输过程中能源消耗带来的碳排放）。在对不同加固方案进行经济比较后，对于确定没有利用价值的结构或构件，应进行拆除，并对拆除材料进行回收、处理和再利用。在满足安全和使用性能的前提下，鼓励使用建筑废弃混凝土、建筑构件垃圾等原材料，生产再生骨料，制作成混凝土砌块、水泥制品或配制再生混凝土（图4.2-4），以广泛应用于海绵城市的透水路面等建设。

（a）再生混凝土砌块砖　　　　　　　（b）再生混凝土路面

图4.2-4　再生混凝土利用

利用再生骨料（图4.2-5）配置再生混凝土，可以减少天然砂石等混凝土原材料的开采，大幅度降低混凝土等建筑材料使用带来的隐含碳排放，是一种较好的绿色低碳建材。再生骨料可应用于既有公共建筑的加固工程，在实际使用中，应优先使用Ⅰ类再生粗骨料和Ⅰ类再生细骨料，并应符合国家现行标准《混凝土用再生粗骨料》GB/T 25177—2010、《混凝土和砂浆用再生细骨料》GB/T 25176—2010、《再生骨料应用技术规程》JGJ/T 240—2011的有关规定。应注意的一点是，再生骨料不得应用于配置预应力混凝土。

（a）再生粗骨料　　　　　　　　　　　（b）再生细骨料

图 4.2-5　再生骨料

近年来，预应力混凝土技术在既有建筑结构加固中得到广泛应用，可用来减小或抵消荷载所引起的混凝土拉应力，将结构构件的拉应力控制在较小范围，以推迟混凝土裂缝的出现，从而提高构件的抗裂性能和刚度。

4.3　机电系统能效提升

在保证室内环境质量和舒适度要求的前提下，优化机电系统改造设计，对促进机电系统能效提升，降低既有公共建筑能耗与碳排放具有重要的现实意义。既有公共建筑机电系统能效提升主要包括暖通空调系统、照明系统、电梯系统等节能低碳改造策略。

4.3.1　暖通空调系统改造提升

暖通空调系统是公共建筑室内环境营造的主要系统，占公共建筑建筑物能耗 50%～60%[44]，是主要耗能系统之一。本书主要针对我国既有公共建筑暖通空调系统的现状问题，提出既有公共建筑暖通空调系统性能提升的关键技术和相关改造要点，包括冷热源系统、输配系统及末端改造提升等。

（1）冷热源系统性能提升

暖通空调系统冷热源是系统制冷、供热的主机，是实现能源消耗与供冷、供热能量转换的关键设备，冷热源设计的合理性直接影响暖通空调系统的使用效果、节能性、经济性。

依据《既有公共建筑综合性能提升技术规程》T/CECS 600—2019，根据既有公共建筑规模、用途、建设地点的能源供应条件等因素，通过综合论证、技术经济比较确定冷热源的改造形式，在有条件的地区，优先利用废热、工业余热、可再生能源系统及蓄能系统。

经过诊断研判后，冷热源机组进行改造替换时，需根据系统原有的冷热源运行记录及围护结构改造情况进行系统冷热负荷计算，并对整个制冷季、供暖季负荷进行分析。改造设计一般建立在系统实际需求的基础上，保证改造后的设备容量和配置满足使用要求，并且冷热源设备在不同负荷工况下，保持高效运行。冷热源机组的台数及单台制冷量的选择，需要满足供暖空调负荷变化规律及部分负荷高效运行的调节要求，一般选用调节性能及部分负荷性能优良的机型。

结合既有公共建筑改造案例，常用空调冷源一般包括电动压缩式冷水机组、溴化锂吸收式冷水机组、热泵机组、蓄冷式冷水机组、变频磁悬浮离心机等。以金华市政府大楼改造为例，原使用溴化锂机组为 4.5 万 m^2 建筑提供冷源，由于制冷主机衰减严重，冷量不足，造成能源的严重浪费，故将冷源改造为磁悬浮变频离心机（图 4.3-1），并对原有空调系统配套设施重新进行设计改造，改造完成后每天实际节省费用 6009 元，日平均节能率为 47.95%，达到了节能、高效的目标。

图 4.3-1 磁悬浮变频离心机

常用热源一般包括锅炉、城市热网、热泵机组、直燃型溴化锂吸收冷热水机组等。以吉林省某镇政府空气源热泵改造为例,原供暖热源采用燃煤锅炉,根据清洁能源供热改造要求,热源改造采用超低温空气源热泵(图 4.3-2)。运行监测数据显示,室内温度实测值达到23.7℃,系统制热性能系数实测值达到 2.11,满足严寒地区的节能系统标准要求。

图 4.3-2 超低温空气源热泵

（2）输配系统及末端改造提升

在既有公共建筑空调系统改造中，为解决管网冷热损失严重、保温层损坏、冷热介质因管道破损或人为取用损耗、"大流量小温差"等输配系统问题，通常采用变频技术解决上述问题，以提升暖通空调系统输配能效（图4.3-3）。

暖通空调系统改造时，需要对原有输配管网水力平衡状况进行校核计算，根据计算结果选择末端设备和管道规格。通过选用高效节能的设备产品，达到节能降碳的目的。如集中供暖系统热水循环泵、空调冷热水系统循环水泵更换为节能评价值不低于《清水离心泵能效限定值及节能评价值》GB 19762—2007 要求的水泵，通风空调系统风机更换为节能评价值不低于《通风机能效限定值及能效等级》GB 19761—2020 要求的风机。水泵、风机所配电动机不低于表4.3-1 要求。

空调器风扇用电容运转电动机能效等级　　　　　　表 4.3-1

额定功率/ kW	效率/%					
	1级			2级		
	4极	6极	8极	4极	6极	8极
10	31	28	27	27	24	23
16	37	34	32	33	30	28
20	40	37	34	36	33	30
25	44	40	37	40	36	33
30	46	42	39	42	38	35
35	48	44	41	44	40	37
40	50	46	43	46	42	39
50	53	49	45	49	45	41
60	55	51	47	51	47	43
75	56	53	48	52	49	44
90	57	54	49	53	50	45
100	58	55	50	54	51	46

续表

额定功率 / kW	效率/%					
	1级			2级		
	4极	6极	8极	4极	6极	8极
120	60	56	51	56	52	47
150	62	57	53	58	53	49
180	64	58	54	60	54	50
250	67	61	57	63	57	53
370	73	65	60	69	61	56
400	74	66	61	70	62	57
450	75	68	62	71	64	58
480	76	69	63	72	65	59
500	77	70	64	73	66	60
550	78	71	65	75	67	61
750	80	74	71	76	70	67
1100	82	77	—	78	73	—

图 4.3-3　水泵变频器

对水泵、风机设置变频措施，根据建筑物冷热负荷变化、末端负荷变化采用变频措施调整水泵、风机转速，能够保证水泵、风机处于高效运行区，并有效降低水泵能源消耗。

对暖通空调系统末端进行节能改造设计时，通常采用设置室温调控装置或措施，如在室内供暖系统每组散热器的供水支管上设置高阻力二通恒温控制阀，既可实现分室控制，又能满足舒适度和节能要求。此外，还可采用全新风和可调新风比的运行方式、直接利用室外空气降温、合理设置排风热回收装置等方式对末端进行改造设计与性能提升。

4.3.2　照明系统改造提升

既有公共建筑的照明系统普遍存在采用非节能灯具、照明能耗高、照度不达标、均匀度过低、闪频等突出问题，此外，照明系统无法实现智能照明控制，容易产生长明灯和能源浪费等现象。近年来，LED 照明灯具的广泛应用，以及红外感应、微波感应等智能化控制技术的不断涌现，对推动既有公共建筑照明系统低碳化改造具有积极意义。

将非节能照明灯具更换为节能型灯具是最直接、最简单的改造措施。LED 作为一种新型节能光源，相比传统照明灯具有发光效率高、功耗小、可控性高、使用寿命长、绿色环保等优势，是目前应用范围最为广泛的节能环保灯具。在相同照度下，LED（灯还是光源）的耗电量仅为白炽灯的十分之一左右，荧光灯的二分之一左右[48]。建筑中常用的 T5 节能荧光灯、T8 高效荧光灯和 LED 灯主要技术特性比较情况如表 4.3-2，采用 LED 灯高效光源替代建筑中低效照明灯具是一项行之有效的节能降碳措施，以某医院节能改造为例，更换节能灯具的效果如图 4.3-4 所示。

常用照明灯具主要技术特性比较[50]　　　　　　表 4.3-2

光源种类	功率/W	光视效能/（lm/W）	平均寿命	可控调光性
三基色T8荧光灯	40（含镇流器）	95	12000	差
T8高光效荧光灯	45（含镇流器）	110	13000	差
T5荧光灯	28（含镇流器）	114	13000	差
LED灯	20	90	30000（70%流明维持）	好

图 4.3-4　改造后灯具与现场照明效果图

在既有公共建筑照明系统低碳化改造时，除选用高效节能灯具外，还应重视照明优化设计与控制，其对照明节电的贡献可达到 10%～30%[49]。随着自动化、智能技术的快速发展，建筑照明的控制模式朝着多元、舒适、高品质的方向发展，在既有建筑照明系统设计过程中，利用各种传感技术、半导体技术等，可使照明系统满足不同的照明需求，同时更加节能、高效。

智能照明控制系统是以自动控制为主、手动控制为辅的照明系统。该系统由红外传感器、光照传感器、控制电路、LED 灯具、控制开关等部件组成[48]，如图 4.3-5 所示。

建筑内各功能空间应设置具备照明手动调光、自动调光功能的智能调光模块及控制系统，在无人参与的情况下，照明系统通过人体感应、光照感应等技术，自动实现 LED 灯的开关和调光功能。某医院建筑改造项目建立的智能灯控平台可实现多区域、多应用场景智能照明控制，如图 4.3-6 所示。

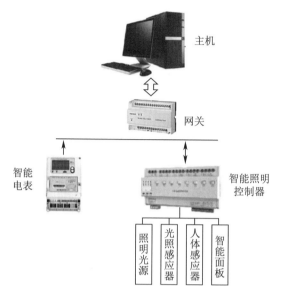

图 4.3-5 智能照明控制系统结构

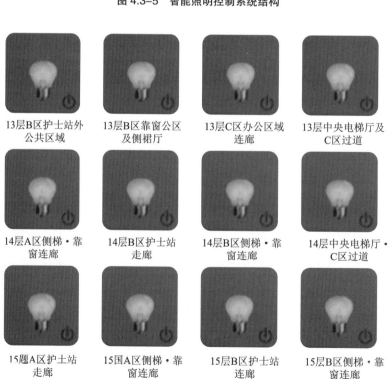

图 4.3-6 照明智能控制系统界面

地下车库作为既有公共建筑的重要组成部分，由于缺乏有效的照明节能技术和管理手段，其运行能耗和碳排放相对较高。对于地下车库照明系统改造，除更换节能灯具外，采用中控系统进行智能控制同样是一项重要的节能降碳措施。地下车库智能照明系统可采用分时段分回路控制，当车辆进出较多时，地下车库内照明处于全开状态，便于车辆进出车库；在非高峰时段，可根据车流量情况，通过关闭 1/2 或 1/3 隔灯控制的方式达到节电目的。地下车库智能照明系统也可采用动静传感器来探测车辆和人员进出，从而控制灯具的开启（图 4.3-7），当传感器感知车辆进入时，控制灯具完全开启，并持续一段时间。当探测无车辆出入时，灯具调暗，这种控制方式需要频繁启动，此时用荧光灯是不适合的，使用寿命会严重衰减，而 LED 光源具有可控调光性，弥补了荧光灯的不足。地下车库采用智能照明控制系统，既可保证满足车库安全照度要求，同时也可实现能源的最大节约。不同功能的既有建筑可根据实际使用情况，制定相应的控制策略[48]。

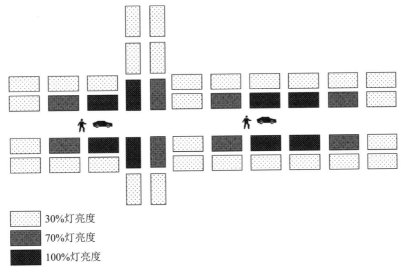

30%灯亮度

70%灯亮度

100%灯亮度

图 4.3-7 地下车库智能感应灯亮度场景示意
注：灯亮度可根据实际情况进行调整

4.3.3　电梯系统改造提升

电梯系统是既有公共建筑中重要的电气设备,也是主要的耗能设备之一。在既有公共建筑低碳改造过程中,如果直接更换耗能高的电梯,会造成很大的资源浪费和经济负担,由于老旧电梯控制方式与拖动方式落后,可以对既有建筑中老旧电梯的硬件系统包括电控系统、曳引系统、照明系统、其他辅助系统进行改造升级,从而达到节能降碳的目的。

电梯电控系统改造:一体化电控系统是目前电梯最先进的节能控制系统,电控系统将电梯的逻辑控制系统和驱动系统结合到一起,进一步降低电梯元器件之间的干扰,维修调试更加方便,同时也缩小了电梯控制柜的尺寸,可将曳引机和控制柜等全都移进井道,减小机房占地面积或实现无机房设计[51](图4.3-8)。

图4.3-8　无机房电梯示意图

电能回馈装置改造：在旧电梯的改造中，可以在既有建筑的旧式电梯中安装电能回馈装置（图4.3–9），电梯电能回馈装置无需调试且安装方便，能够回收电梯运行过程中由机械所产生的电能，并通过电能回馈装置加以利用，从而达到节能的目的。据统计，在低速电梯上加装电梯电能回馈装置，节能率能达到10%，在高速电梯上安装电能回馈装置节能效果更加明显，可以达到30%[52]。

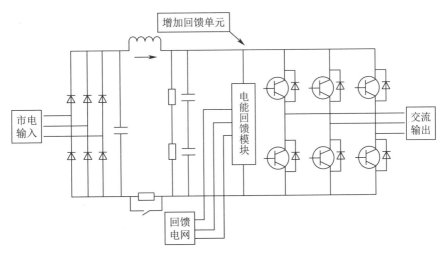

图4.3–9 电梯电能回馈装置原理图[53]

电梯控制系统改造：在电梯系统低碳改造过程中，除了关注电梯本身的节能性能外，应根据电梯使用环境的实际情况，制定合理的电梯控制策略。电梯运行能耗的部分消耗在电梯启动和制动过程中，通过设置功能楼层停梯原则，避免层层停梯，既可以节省电梯的使用寿命也可以节约能源。当有两台或两台以上的电梯时，可以使用群控或者并联控制，根据实际情况对多台电梯进行合理分配和优化调度，提高电梯的运行效率，缩短人们的候梯时间，减少电梯能量损耗。此外还可以通过对既有建筑进行交通流量分析，了解建筑层数、楼层功能以及一天当中客流密度等，进一步优化电梯台数配置、电梯的额定速度等，提高电梯的运行效率。

4.4 可再生能源建筑应用

既有公共建筑低碳改造时，有条件的公共建筑应充分利用可再生能源，结合当地可再生能源资源情况、建筑用能水平等综合研判，确定可再生能源应用形式；可再生能源建筑应用形式主要包括太阳能热水、太阳能光伏发电、空气能源热泵供热等。

4.4.1 空气源热泵

空气源热泵作为供暖热源时，有热风型和热水型两种机组，如图4.4-1所示。热风型空气源热泵结构紧凑，占用空间小，适用于单个房间或部分空间供暖的公共建筑；热水型空气源热泵适用于供热面积规模较大，且远离集中供暖中心的建筑，系统可面向多个用户或用户多个末端供暖。空气源热泵供暖系统安装使用方便，对环境污染较小，节能效果要明显高于普通电加热等供暖方式，但空气源热泵供暖运行时，室外环境温度、湿度的变化会给系统的制热量、COP以及运行安全性带来不同程度的影响[54]。空气源热泵的可靠性、运行时间、制热能力及制热能效比与室外环境空气温湿度密切相关，通常室外环境空气温度越高，空气源热泵的适用性越好，运行能效和可靠性越高，但随着室外温度降低，采用空气源热泵供暖的能效和可靠性变差，在极端天气下甚至出现室外温度过低而无法运行的情况。近年来，为了提高空气源热泵在严寒和寒冷地区冬季气候的适应性，采用喷气增焓、双级压缩、制冷剂蒸汽喷射技术、智能除霜等新技术的低温型空气源热泵应运而生[55]，该热泵可以在 –25℃的室外空气温度下正常运行。国家标准《低环境温度空气源热泵（冷水）机组　第 2 部分：户用及类似用途的热泵（冷水）机组》GB/T 25127.2—2020 中规定了在 –20℃低温制热工况下低温型空气源热泵的制热性能系数，其中地板辐射型制热性能系数不低于 2.00，风机盘管型制热性能系数不低于 1.80，随着低温型空气源热泵性能系数和制热量的提升，空气源热泵供暖的适用范围将越来越大。

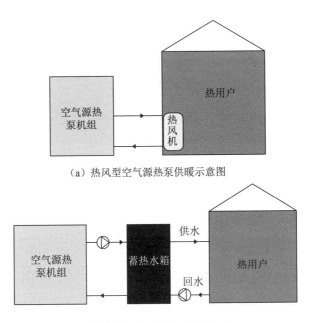

（a）热风型空气源热泵供暖示意图

（b）热水型空气源热泵供暖示意图

图 4.4-1　空气源热泵供暖示意图

从气候分区来看，严寒地区、寒冷地区和夏热冬冷地区均有供热需求，采用空气源热泵可全部满足或部分满足供热要求。在夏热冬冷和寒冷地区，利用空气源热泵供暖优势明显；在严寒地区，随着室外温度的降低，利用空气源热泵供暖的经济性和可靠性变差，当室外温度低于 –25℃时，会严重影响空气源热泵的性能。因此，采用辅助热源配合空气源热泵可提高极端寒冷气候条件下的可靠性，同时也可避免因空气源热泵选型过大造成初投资和运行费用的增加。利用太阳能与空气源热泵耦合供暖，既可以解决单一空气源热泵受室外温度影响大的问题，也可以解决单一太阳能不稳定、不连续的问题，同时提升系统能效和可再生能源利用率，降低能源消耗及碳排放[56]。太阳能＋空气源热泵耦合供热系统根据空气源热泵和太阳能集热器的组合形式分为直接膨胀式太阳能空气源热泵耦合供暖系统和非直膨式太阳能空气源热泵耦合供暖系统，如图 4.4-2 所示。

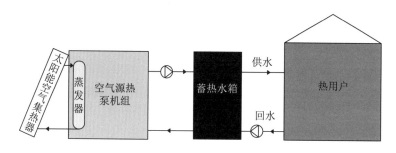

（a）太阳能空气集热器＋空气源热泵耦合供热系统（直膨式）

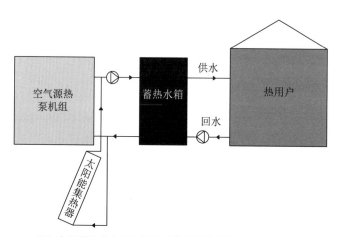

（b）太阳能热水＋空气源热泵耦合供热系统（非直膨式）

图 4.4-2　太阳能＋空气源热泵耦合供热系统示意图

空气源热泵热水系统以其设备占地面积小、运行稳定、节能高效等优势在我国大部分地区得到广泛应用。当选用空气源热泵作为生活热水热源时，需考虑其适用条件，并配备质量可靠的热泵机组。对于热水需求量较大的宾馆、酒店、文化教育等公共建筑，利用空气源热泵提供生活热水是实现建筑节能环保的重要技术手段，特别是在夏热冬冷、夏热冬暖地区，空气源热泵热水系统的节能优势更为显著。空气源热泵热水系统同样也适用于严寒和寒冷地区，但系统运行经济性和可靠性受季节变化影响较大，因此，在严寒和寒冷地区采用空气源热水机组是否经济，并满足使用要求，应结合建筑生活热水用水特征及地域条件综合分析比较判定。

4.4.2 太阳能利用

我国太阳能资源十分丰富，全国有 2/3 以上地区的年太阳辐射总量在 5000MJ/m^2 以上，年日照时数超过 2200h，在既有公共建筑低碳改造中应充分利用太阳能资源。目前，太阳能利用技术包括被动式太阳房、太阳能热水、太阳能供暖与制冷、太阳能光伏发电等，其中太阳能热水、太阳能光伏发电技术是目前太阳能利用的主要应用形式。

（1）太阳能热水系统

太阳能热水系统是利用集热器将太阳光转化为热能加热生活热水的装置，目前常见的太阳能集热器类型有真空管型太阳能集热器、平板型太阳能集热器（图 4.4-3）。对于医院、酒店、学校等有较大热水需求的公共建筑可通过加装太阳能热水系统，为建筑提供生活热水。在利用太阳能热水系统时，要考虑冬季防冻的要求，通常真空管型集热器的保温防冻效果要优于平板型集热器，因此在夏热冬冷、夏热冬暖地区适宜采用平板型集热器，严寒和寒冷地区则适宜选用真空管集热器。为进一步提升冬季太阳能集热器的防冻性能，可采用介质排回和防冻液防冻措施。由于太阳能资源的不稳定性，太阳能热利用系统会受季节及阴晴雨雪等天气因素影响，稳定性较差，为保证太阳能热水系统供热水的稳定性，系统通常与空气源热泵、燃气锅炉及电辅助加热等形式相结合，通过多能互补方式保障热水系统的稳定性。

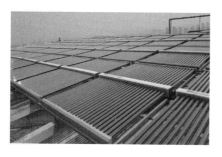

（a）真空管型太阳能集热器　　　　　　　（b）平板型太阳能集热器

图 4.4-3　太阳能集热器

当前我国太阳能热利用技术以太阳能热水系统为主，为进一步践行国家"双碳"战略目标，构建建筑综合用能技术体系，利用太阳能技术是实现建筑碳排放降低和可持续发展的重要途径，随着技术的发展和应用场景的不断拓展，太阳能热利用逐步从太阳能热水向太阳能供暖空调、太阳能综合利用等多元化利用方式延伸，并进一步提升建筑可再生能源利用率[57]。

（2）太阳能光伏技术

通过太阳能发电方式来满足建筑用电需求，是实现建筑节能降碳的一种重要手段。建筑光伏系统是将太阳能发电技术应用到建筑上的一种系统，根据光伏组件与建筑的结合形式可分为建筑光伏一体化（BIPV）与建筑附加光伏系统（BAPV）两种形式。其中建筑光伏一体化是光伏系统与建筑实行一体化的规划、设计、制造、安装和使用的与建筑物结合良好的系统。将光伏系统与建筑物集成一体，光伏组件成了建筑结构不可分割的一部分，比较适用于新建建筑。对于既有建筑通常采用附加光伏系统的形式，将光伏系统安装在建筑物的屋顶或者外墙上，建筑物作为光伏组件的载体，起支承作用[58]。

建筑附加光伏系统（BAPV）是安装在建筑物上的一种太阳能光伏发电系统，光伏系统本身并不作为建筑的构成，其功能与建筑物功能相互独立，互不干扰，既有公共建筑附加光伏不仅要保证光伏系统的安全可靠，同时也要确保建筑物的安全可靠。建筑附加光伏的应用形式如下：

①屋顶附加光伏系统

将太阳能光伏组件直接铺设在既有建筑屋顶上是太阳能光伏技术利用最简单、最常见的方式，如图4.4-4所示。由于建筑的屋顶大多不会被遮挡，能够获得更多的太阳辐照量，所以屋顶区域最适合用来安装光伏组件，该种方式既适用于平屋顶，也适用于坡屋顶[59]。除了直接安装在屋顶上，光伏板还可以通过架空的方式，与屋顶绿化相结合，在建筑屋面增加一个供人休闲、亲近自然的半室外空间，如上海申都大厦改造项目[60]（图4.4-5）。由于既有建筑屋顶光伏属于后期安装，屋面受力较为复杂，长期的风载作用和变形可能会产生疲劳效应，影响结构安全，因此，需进行屋面光伏荷载评估，确保建筑及光伏系统的安全性。

图4.4-4　建筑屋顶铺设光伏

图 4.4-5　上海申都大厦改造项目屋顶空间

②墙面附加光伏系统

墙面附加光伏系统，是将光伏板安装到建筑墙面上，如图 4.4-6 所示。对于多层、高层建筑，外墙是与太阳光接触面积最大的外表面，为了合理利用墙面收集太阳能，需要根据建筑的实际情况与建筑风格，将光伏板安装于建筑的正南面或者光照较为充足的墙面，利用太阳能产生电力，满足建筑的需求。

图 4.4-6　建筑外墙加装光伏系统

近年来，太阳能光伏技术向透光性发展，光伏幕墙、光伏窗的出现为透明围护结构的改造提供了新方向（图4.4-7）。光伏幕墙、光伏窗与传统玻璃幕墙、外窗的构造方式基本相同，其特点在于它可以吸收太阳光，将太阳能转化成电能，使得幕墙、外窗本身能够产能，不仅为建筑物提供电能资源，还能通过调节自身的透光率来改善室内采光环境，并缓解太阳辐射带来的曝晒和眩光问题[61]。

图4.4-7　建筑光伏幕墙改造

4.4.3　光储直柔建筑

在"双碳"目标指引下，"光储直柔"建筑配电系统将进一步提高可再生能源在供电系统中的占比，为建筑领域实现碳中和目标提供重要的技术支撑[62]。"光储直柔"是应用太阳能分布式光伏、分布式储能、直流配电、柔性用能的新型建筑配电应用技术，已成为我国既有公共建筑更新改造实现"零碳"目标的重要路径之一，建筑光储直柔配电系统原理如图4.4-8所示。

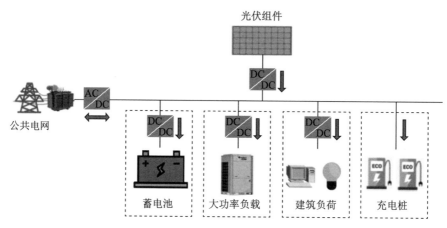

图 4.4-8　建筑光储直柔配电系统图

"光"指的是建筑中的分布式太阳能光伏发电设施。光伏发电是未来建筑主要的可再生能源之一，除既有建筑自身改造加装太阳能光伏外，建筑周边空地及停车棚等场地也可安装布置太阳能光伏系统，为建筑提供电能。

"储"指的是既有建筑改造更新中的储能设施，一般可以采取分布式储能和局部集中储能相结合的方式。在未来的电力系统中，储能是不可或缺的组成部分，光伏在白天发电最高，储能设备可将富余的电能储存起来供夜间使用，满足需求侧的峰谷用电需求并减少向电网提供能源的传输成本，消纳电能的同时减少对上游电网的依赖。目前除应用电化学储能外，还要充分挖掘建筑内部及建筑周围可利用的资源，包括建筑内部蓄冷和蓄热资源，以及充电桩、电动汽车蓄电池均可以充当建筑的储能单元，实现系统调峰的功能（图 4.4-9）。

"直"是相较于交流供电而言形式更简单、更易于控制、传输效率高的直流供电系统。建筑中采用直流供电系统便于光伏、储能等分布式电源灵活、高效接入和调控，实现可再生能源的大规模建筑应用，

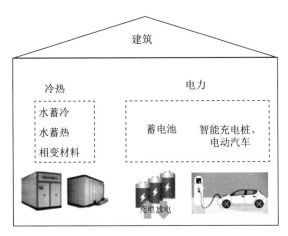

图 4.4-9　建筑储能系统示意图

借助建筑供电设施更新改造机会，将原有供配电设备改造为直流型光储变换器、直交流并网设备、交直流配电柜，并增加直流保护、测量、控制装置，以及增加监控管理系统，进而提高太阳能发电的用电效能[62, 63]。

"柔"指的是柔性用电，通过光伏、储能以及负荷三者的动态匹配，实现与电网的友好对接，解决当下电力负荷峰值突出问题以及未来与高比例可再生能源发电形态相匹配的问题，将建筑作为电网柔性用电的节点，实现需求侧用能调控，避免"峰谷"的出现。

光储直柔是实现建筑领域碳中和的重要途径，在既有公共建筑低碳改造实践中已有成功的公共建筑"光储直柔"零碳更新改造案例，如苏州东吴黄金产业园区"光储直柔"改造项目、浙江义乌义驾山广场"光储直柔"改造项目，通过改造项目确立的利旧提效、最大程度降低碳排放的目标，为我国公共建筑实现零碳运行更新，提供了可推广、可复制的示范案例。

4.5 建筑碳排放智慧监管平台

目前我国既有公共建筑普遍存在碳排放管理平台缺失或监测指标单一、监测指标不完善、实施途径不当、缺乏数据分析能力等问题。建筑碳排放管理平台以能耗监测、计量为手段，通过能耗数据分析实现建筑能耗及碳排放的量化管理，可以对建筑各类能源消耗制定相应的能耗指标，以及通过同类型建筑对比分析，进而采取不同的管理手段，逐步提高能源利用效率，降低建筑碳排放。近年来针对既有公共建筑建设能耗监测管理平台、碳排放管理平台、基于监测数据进行精细化管理并采取相应改造措施已成为建筑智慧化、低碳化管理的重要手段，为建筑带来多方面的实际效益，对提高建筑综合管理水平，实现建筑能耗双控及碳排放双控起着关键作用[64, 65]。

（1）碳排放管理平台架构

建筑碳排放管理平台是通过提高建筑综合运行管理水平，同时降低建筑运行碳排放的综合管理平台，集成了建筑用能、用水、室内环境及碳排放等关键性能指标，通过实时采集建筑能耗数据、室内环境舒适度及碳排放数据，实时分析、诊断建筑各用能系统的运行状况，挖掘建筑节能降碳潜力。建筑碳排放管理平台由数据监测采集层、数据中转站及碳排放管理数据中心组成，如图4.5-1所示。

①数据监测采集层

数据采集层利用智能电表、智能水表、智能冷热量表等监测计量设备，对建筑暖通空调、供配电、给水排水、照明、电梯、可再生能源、燃气等能源使用情况进行实时计量；同时结合温湿度、空气质量等室内环境参数监测传感器，监测室内环境指标，充分掌握建筑内的能耗、室内环境及建筑机电设备运行情况。

②数据中转站

数据中转站是数据采集层和碳排放管理数据中心的连接部分。数

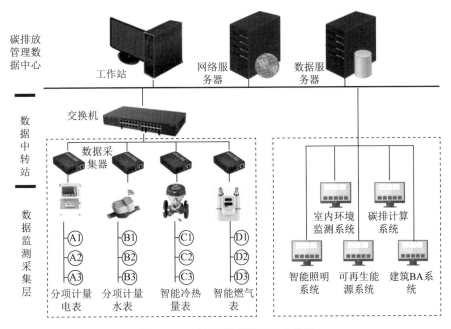

图 4.5-1　建筑碳排放管理平台构架

据中转站通过网络交换机、网关、数据转换器等设备将采集到的建筑
能耗等数据集中、汇总，并转换成标准通信协议上传到碳排放管理数
据中心。

③碳排放管理数据中心

碳排放管理数据中心主要包括服务器、监控主机、显示屏、操作
台等设备，实施建筑设备集中监视、管理和分散控制，并通过对建筑
室内环境、用能数据、碳排数据的统计、分析和比较，全面了解建筑
运行管理中发现的用能设备运行问题及建筑能耗、碳排放问题，进而
不断提出碳排放优化方案，实现建筑的精细化管理与控制，达到节能
减排的目的。

（2）碳排放管理平台主要功能

建筑碳排放管理平台功能一般包括能耗与室内环境监测、数据实时
采集、数据实时动态监测、数据处理分析、能源系统智慧化调控等功能。

①能耗与室内环境监测

针对既有建筑中电、冷热量、水、燃气等用能末端及可再生能源系统安装计量装置，实现建筑用能监测与计量。为进一步分析建筑不同用能类型的能耗情况，在确保供电系统安全、可靠、连续运行的同时，按建筑用电的不同性质对建筑用电按照明、空调、插座、动力等分不同回路和环节进行计量和监测；对集中供热、集中供冷系统的冷热源主管路及各部分功能分区管路配置冷热量表，实现对冷热量及温度的监测；在建筑主供水管道及各功能分支管道入口处配置水表，完成水耗量的计量监测；在建筑主要功能房间设置温度、相对湿度、光照度及空气品质等传感器，实现对室内环境参数的监测。

②数据实时采集、传输与存储

数据采集器集中采集建筑物的实时电量、冷热量、水量、燃气消耗量等参数，通过以太网传输到数据中心，并进行数据存储，方便运行管理者查询使用。

③能耗与碳排放数据实时动态监测

将采集的各分类分项能耗数据转化为统一的碳排放数据，并将实时动态监测的分类分项能耗数据和碳排放数据以直观的图表、报表等形式提供给运行管理人员，展示用能和碳排放现状，方便其直观对比查询能耗及碳排放数据的数值、分布和趋势，进而结合运行现状及时调整管理方式或设备运行策略。

④能耗与碳排放数据处理分析

数据处理分析是对能耗及碳排放监测数据的深度应用。一是可以结合建筑用能设备能耗统计数据对设备能效水平进行评估，判断设备是否处于最优运行状态，帮助管理者发现节能空间和管理手段；二是可以利用能耗及碳排放历史数据进行数据对比分析，从中发现建筑运行中的潜在问题及变化规律，进一步对未来建筑能源消耗及碳排放的趋势进行预测和分析；三是确定建筑能效及碳排放水平，与同类型建筑进行对标，进一步挖掘节能减排潜力。

⑤建筑能源系统智慧化调控

根据信息系统采集的典型运行参数，分析主要设备运行情况，通过能耗数据综合分析和挖掘，为各能源系统优化运行策略和能源调度决策提供建议，实现建筑能源系统精细化、自适应修正运行调控。

5 既有公共建筑低碳运行能效提升方法与技术

5.1 建筑低碳运行综述

既有公共建筑低碳运行是在建筑的使用和维护过程中，通过各种技术和管理手段，提高其能源利用效率，降低建筑能耗和碳排放。既有公共建筑低碳运行技术涉及碳排放监测评估、用能系统智能调控、可再生能源优化利用与维护等方面，多学科、多领域、多层次的协同创新和推广应用已成为既有公共建筑低碳运行技术发展的主要形式。

（1）建筑碳排放监测评估技术为建筑低碳运行优化提供数据支撑

通过分析监测数据，可以评价建筑的运行效率和低碳水平，也可以为监管部门提供依据。同时，建筑碳排放监测评估与分项计量审计制度相结合，可快速识别建筑的超额分项，进而制定针对性的运维措施。目前，公共建筑碳排放监测评估技术的发展正促进建筑精细化运维的进步，相关管理制度也正逐步扩大试点范围，为未来的发展积累经验和数据。

（2）建筑智能调控技术成为重要发展方向

近几年互联网、云平台、人员定位等技术逐渐与建筑末端调控系统相结合，实现末端设备集中控制、自动调节、间歇运行等功能。随着智能化、信息化技术的发展，建筑内设备系统逐步走向智能化时代，建筑物联网、大数据、BIM平台、人工智能、移动智能终端等技术成为现代建筑设施信息化管理的重要技术手段，也成为促进我国大型公共建筑设施低碳管理的重要途径。

（3）可再生能源优化利用技术取得不断进步

太阳能、风能等可再生能源发电成本的降低促进了低碳电力系统的发展，但其不可控性也降低了电网的调节适应能力。基于可再生能源系统的柔性用电技术不断取得新突破，如江亿院士提出光储直柔的建筑供配电系统，通过良好的运行控制和管理，不仅能充分利用建筑外立面敷设光伏板进行供电，提升光伏供电稳定性，更能满足未来电动汽车的充电需求，实现建筑与电网之间的友好互动。

（4）合同能源管理（EMC）、碳交易等创新模式逐渐成为公共建筑低碳运行的有力措施

近年来通过政府层面对合同能源管理模式的推广，该模式在既有建筑节能低碳项目领域已得到一定程度的应用。后续政府有关政策新规也仍将继续加大对 EMC 模式的支持力度，助力建筑物在运行阶段实现低碳目标。在碳交易方面，我国自 2010 年起就在部分地区探索民用建筑领域的碳排放交易方法，旨在解决建筑节能量测算、数据的真实性和可靠性、考核对象的界定等问题。2023 年 11 月，广东省率先将大型公共建筑碳排放纳入广东碳市场，既有公共建筑通过碳交易实现节能降碳迈出了关键一步。

5.2　建筑低碳运行关键技术

如前所述，实现建筑低碳运行是一项系统工程，不仅涉及对建筑运行状态的有效评估，而且涉及运行调控、智慧低碳管理等一系列运行优化技术。低碳运行评估技术主要通过对建筑碳排放、室内环境等指标的监测和分析，评价建筑的低碳运行水平，识别运行中存在的问题和降碳潜力。优化调控技术是利用控制器、执行器等设备，根据建

筑的负荷变化和用户需求，对建筑的暖通空调、照明、动力等用能系统进行自动或手动调节和控制，优化建筑的用能效果，提高用户的舒适度。建筑智慧低碳管理主要利用云计算、物联网、大数据等技术，构建建筑的智慧监管平台，实现对建筑碳排放等数据的实时采集、存储、分析和展示，为建筑的低碳运行提供决策支持和管理服务。

近几年，随着新技术发展，建筑高效产能、储能和用能协同相关技术的涌现为低碳运行提供了更多的选择，如光储直柔技术、跨季节储能技术等。部分先进技术目前处于研究和试点阶段，取得了较好的降碳效果。可以预见，未来相关技术的逐渐成熟和推广应用，将为我国量大面广的既有公共建筑低碳运行注入强大的生命力。

5.2.1　建筑用能诊断评估技术

（1）机电系统分项能耗拆分技术

国内公共建筑分项计量工作至今已开展十余年，各省市政府机关办公建筑和大型公共建筑均要求进行分项计量，但是在分项计量系统的应用及推广过程中，尤其是针对既有公共建筑机电系统的分项计量，存在问题较多，包括：分项计量系统上传数据存在不正常现象，分项计量数据分类方法不统一，单条计量支路存在能耗混合等问题。针对现有不完整、不连续、不全面的历史运营数据，对其进行拆分解耦，提炼分项能耗是建筑低碳运行的重要基础。机电系统分项能耗拆分技术的核心理念就是按照公共建筑不同用能设备的能耗特点将总表用电数据进行逐级拆分，然后把相同属性的能耗重新组合，得到分项能耗数据[66]，如图 5.2-1 所示。

分项能耗拆分技术首先应确定能源账单组成，然后进行一级子项能耗拆分，即气候相关型能耗和气候无关型能耗拆分，由此可以快速拆分能源账单中一级能耗。其次按照机电设备铭牌信息以及设备使用特征，结合设备能耗估算模型，估算各末端设备的能耗值，由此进行二级子项拆分。

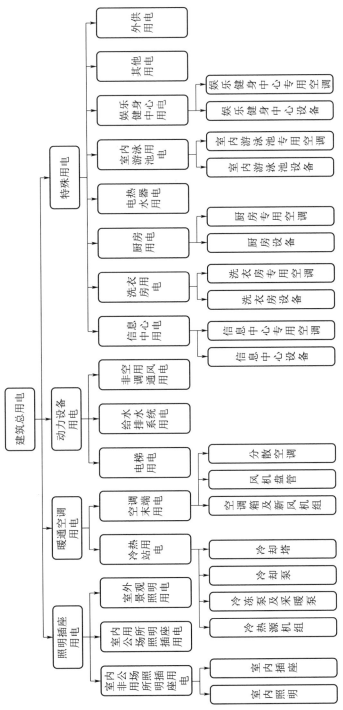

图 5.2-1 能耗拆分示意图

其中，分项计量的拆分算法在国际上研究较早，已经取得一些技术成果。国内的研究起步相对较晚，目前常见的能耗拆分算法有最优化能耗拆分算法、基于电流互感器的电能分项计量法、基于波形因数的用电设备识别法等，各算法对比分析见表5.2-1。对比分析可知，算法简单的准确度往往较低；准确度高的算法相对复杂，往往通过计算机编程或在线监测实现能耗拆分。

能耗拆分算法对比

表 5.2-1

序号	拆分算法	特点	准确度	复杂度	适用性
1	最优化能耗拆分算法	引入了"不确定度"概念，求解多元方程	一般	较复杂	实施周期长，需提前掌握建筑运行信息
2	基于电流互感器的电能分项计量法	通过监测设备运行时引起线路中总电流的变化进行判断	较高	较复杂	无法对应判断投入运行或者退出运行的用电设备
3	基于波形因数的用电设备识别法	通过电流的波形因数来识别用电设备	较高	较复杂	波形因数数据欠缺，不适用于设备种类繁杂的公共建筑
4	基于集合理论的区域能耗拆分算法	建立一个区域能耗分项计量动态数学模型，利用计算机求解	较低	较复杂	模型复杂，实施周期长
5	末端设备拆分算法	利用计算机模拟和统计学分析的综合技术，将建筑的分时能耗拆分为不同末端设备的分项能耗	较高	较复杂	目前仅限于空调系统
6	非嵌入式能耗监测法	根据建筑的实时用电曲线，利用用电设备的开关电信号（有功功率、无功功率、电流、电压、功率因数等）来识别设备，判断具体用能设备的开关和实时功率值，进一步计算出各类设备的能耗	一般	一般	对于公共建筑，由于设备类型多样、数量庞大、启停复杂，存在多设备开关信号分离较难的问题

通过分项能耗拆分技术，可以有效解决机电系统能耗分项计量存在的分类方法不统一、单条计量支路能耗混合的问题，提高机电系统

能耗分项计量的准确性和可靠性，避免因为监测能耗混合而造成的误差和偏差。同时，提高机电系统能耗分项计量的细致程度和完整性，清晰展示各个部分或设备的能耗情况，为机电系统的能效优化、节能改造、低碳运行等提供科学依据和数据支持，助力实现机电系统节能降碳和绿色发展。

（2）既有公共建筑综合能效诊断方法

既有公共建筑机电用能系统中，冷水机组及其相关附属设备运行能耗高，并且运行故障相对比较独立，因此本部分重点介绍冷水机组故障诊断方法。

故障诊断方法分为定性分析和定量分析两种，其中，基于数据驱动的定量诊断方式逐渐成为热门，尤其在大数据时代，数据分析和挖掘受到越来越多行业的关注，人们逐渐习惯使用数据作为决策的重要参考依据。目前，建筑节能诊断工作主要是通过对各个系统大量运行数据的挖掘分析，评估系统异常与否，进而得到故障原因。但是既有公共建筑结构复杂，建筑能耗数据量以及系统运行数据量极大，如果对全部数据进行分析，势必会让分析工作复杂程度增大，诊断速度减缓，如何利用较少的数据达到快速诊断成为行业发展关键。

基于最小信息量的公共建筑空调系统故障快速诊断方法是一种有效的解决途径，主要诊断流程如图 5.2-2 所示。首先，采用既有公共建筑的分项能耗数据分类模型，建立基于可拓学的多目标分项能耗评价模型，利用能耗监测平台采集的少量能耗数据，进行多目标分项能耗评价，将故障定位到能耗分类模型中的某一级子项，实现第一次降维。然后，根据能耗异常的分项系统实时能效（如 COP 等）运行数据，筛选异常能效运行数据集。通过因子分析法，利用异常能效数据，将多个可检测参数用少数公共因子进行表达，实现第二次降维。因子分析法（Factor Analysis）基于降维思想，在尽可能不损失或少损失数据信息情况下将错综复杂的众多变量聚合为少数几个独立公共因子，在减少变量个数的同时反映变量间内在联系。之后，将原始能效运行数据进行降维处理后，进行聚类故障划分，得到主要的故障类别。最后，以聚类分析下划分的故障类别为基础，运用机器学习算法建立其在线识别模型，通过实时的性能参数对设备能效产生异常时的故障类别进行在线识别，进而实现对建筑节能的实时诊断。该方法通过两次数据降维，不仅大大减少了故障诊断所需的数据记录条数，也减少了单一数据记录的维度，并且提高了诊断速度，实现了最小信息量下的空调系统运行故障的快速诊断。

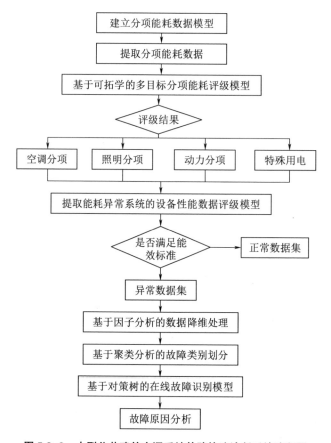

图 5.2-2　大型公共建筑空调系统故障快速诊断系统流程图

暖通空调系统可以从需求侧和供给侧两个角度进行分析和优化，如图5.2-3所示。需求侧是指建筑内部的冷热负荷和新风需求，供给侧是指满足需求侧的冷热源、输配系统和空气处理系统。进一步细分，暖通空调系统由冷热源、流体输配系统、空气处理系统、末端等多个子系统构成，如图5.2-4所示。为了降低暖通空调系统的运行能耗和碳排放，需要在需求侧采取降低负荷、提高舒适度的措施，同时在供给侧提高设备效率、优化运行控制，实现供需平衡和节能减排目标。

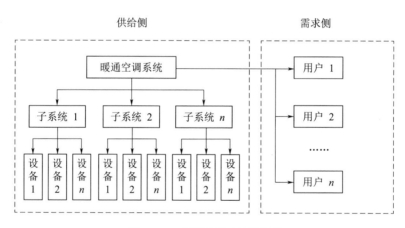

图5.2-3 暖通空调系统抽象图

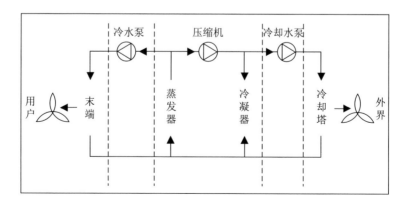

图5.2-4 空调系统流程示意图

需求侧受到多种因素的影响，包括气候条件、围护结构热工性能、人员行为、设备类型等。若同步诊断分析需求侧与供应侧，其分析内容会大幅度增加，对分析方法的要求也极高，对分析结果的验证也存在较高的难度。为了提高建筑节能诊断的效率和准确性，一种有效的方法是将需求侧和供给侧分离，分别进行诊断，认为两者之间只存在热质交换，这样可以降低诊断难度，提高诊断方法的适用性。这也是既有公共建筑节能诊断中应该遵循的一条原则。

供给侧的运行状况不仅取决于单体设备的高效运行，还取决于设备之间的配合度。因此，为了达到暖通空调系统的节能运行目标，不仅要确保各个主要耗能设备、子系统高效运行，更应优化整个系统的运行效率。在诊断过程中，对设备和子系统进行检测，明确系统的实际运行现状，找出节能潜力较大的环节。这种采用由设备到系统的节能诊断方法，逐步深入分析系统的运行特点，制定合理的节能措施，既可以简化节能诊断工作，又可以达到整体节能运行的目标，是既有公共建筑节能诊断中应该秉承的另一条原则。

5.2.2　建筑运行调适技术

建筑的机电系统之间有着复杂的联系，局部问题可能导致整个建筑的运行效果下降。因此，建筑性能会随着时间的推移而逐渐降低。既有公共建筑运行调适是一种可持续的方法，它通过优化建筑机电系统运行状态及其之间的协调关系，最终提高建筑的舒适性，降低建筑能耗和碳排放。

既有公共建筑运行调适通常是一种低成本的措施，主要是对机电系统进行校正和优化，一般可以在2年内收回投资。根据业主的预算和建筑系统的现状，调适中也可以包括一些高成本的设备改造和更新，例如安装变频系统或更换高效率的设备等。美国劳伦斯伯克利国家实验室的研究人员对500多个既有建筑运行调适项目的统计结果显示，这些项目节能率的中位数为16%，投资回收期的中位数为1.1年。

在我国当前技术经济发展水平尚不能支撑大规模的低碳改造以提升既有公共建筑低碳运行水平的情况下，采用低成本和普适性的建筑运行调适技术可以实现我国公共建筑暖通空调系统及其他机电系统的低碳性能提升，并有效改善室内环境品质，这也符合我国当前的国家需求和发展现状。

既有公共建筑各具特点，相互之间差异大，不存在一项通用的调适技术，同时适用于某一幢建筑物的调适方法也不一定适用于其他建筑物。但总体上，根据建筑低碳运行要求以及解决问题的不同，建筑运行调适技术可划分为建筑热环境调适、建筑光环境调适、冷热源高效运行调适、输配系统调适、空调及通风系统调适等方面。

（1）建筑热环境运行调适

建筑热环境的运行调适即通过改善建筑物的热工性能，降低建筑物的冷热负荷，提高建筑物的舒适性和节能性。可采用的技术措施包括提升围护结构节能性能、减少室内热扰动导致的负荷和杜绝不合理的新风引入等，如表 5.2-2 所示。

建筑热环境主要运行调适技术 表 5.2-2

热环境调适方向	调适技术/目标
提升围护结构节能性能	➢ 合理增加外墙保温厚度 ➢ 调整气流组织，改善各朝向温度分布不均 ➢ 外窗贴Low-E膜，提升窗户隔热效果 ➢ 天窗加外遮阳，减少通过天窗的冷负荷
杜绝不合理的新风引入	➢ 大门加空气幕或用旋转门，避免烟囱效应导致建筑大堂冬季偏冷 ➢ 减少开窗或更换通风窗，降低无效新风 ➢ 检测混风阀状态，避免忘记切换导致新风量过大 ➢ 按需调节新风量，减少排风量过大导致全楼负压严重的问题 ➢ 对新风温度进行准确监测

（2）建筑光环境调适

既有公共建筑光环境调适中，主要采用改造、优化控制等方式，降低照明设备的电耗。针对白炽灯、高压汞灯等高耗能的灯具，可替换为 LED 灯、紧凑型荧光灯、高压钠灯等节能灯具，以提高光效，降低功率。同时，使用照明节电器等设备改善电源质量，减少电流损耗并延长灯具寿命；在此基础上，可采用分区控制、光控、声控等智能控制系统，根据不同的区域、时间、需求，自动调节灯具的开关、亮度等，节省不必要的照明。通过以上方法，有效提高既有公共建筑的光环境质量，实现低碳照明。

（3）冷热源高效运行调适

冷热源的高效运行调适总体上包括提升冷热源形式和配置合理性、优化冷机的参数设定和运行状态、充分利用自然冷源、减少冷热损失及余热利用等内容。

冷机选型偏大会导致冷机的部分负荷运行效率低下，增加能耗和运行成本，同时也会影响室内的温湿度和舒适度。为了解决该问题，可采用适当的调适措施，包括：①增加蓄冷装置，利用夜间低谷电价制冷，在白天释放冷量，平衡冷负荷；②增加小型电制冷机，根据冷负荷的变化，灵活调节冷机的开停，避免大型冷机的低负荷运行；③设立局部空调，针对不同的功能区域，采用不同的空调形式，如风管式、吊顶式、立柜式等，满足不同的温湿度要求，减少冷热源的损耗；④根据建筑的高度差，将冷机分为高区和低区，分别供应不同的冷水压力，降低冷水泵的功率。

优化冷机的参数设定和运行状态，通常通过适当提高冷冻水供水温度、保证直燃机连续运行、确保冷冻水冷却水分配均匀、确保冷却水水质、关闭不运行的冷机蒸发器和冷凝器的水阀关闭等方式实现，如表5.2-3所示。

冷机参数设定和运行状态调适技术　　　　　　表 5.2-3

调适措施	应用目的
适当提高冷冻水供水温度	减少冷机功率消耗，提高冷机的制冷效率，节约电能
直燃机连续运行，避免频繁开停	充分利用直燃机的热效率和经济性，减少直燃机的磨损和维护成本
检查确保冷冻水、冷却水分配均匀	避免冷机的局部过热或过冷，保持冷机的稳定运行
检查确保冷却水水质达标	防止冷却水系统结垢、腐蚀、生物污染等问题，并提高冷却水系统的传热效率和寿命
检查确保不运行的冷机蒸发器和冷凝器的水阀关死	防止冷冻水、冷却水的回流和串流，并避免冷机的空转和低负荷运行
多台冷机优化匹配运行	确保多台冷机的优化匹配运行与冷机的高效运行特性曲线、运行成本、运行限制等相匹配
合理利用小制冷机	在冷负荷较小时替代大型冷机的运行，减少大型冷机的低负荷运行，提高制冷机的运行效率和经济性

除此之外，利用空气、水、土壤等自然冷源来降低建筑的冷负荷也是一种节能环保的冷热源调适技术。例如，商场建筑在冬季和春秋季存在内区过热问题时，可以利用自然通风或机械通风，将室外的低温空气引入室内，减少空调的运行负荷和能耗；也可以利用建筑的结构和布局，将新风竖井作为自然冷源的通道，将室外的低温空气通过新风竖井送入室内。一般来说，新风竖井的位置应尽量靠近室外，且新风竖井的截面积应尽量大，以保证新风的流量和速度。另外，当过渡季室外空气的干球温度低于冷却水的设计温度时，可直接利用冷却塔和板换供冷，减少或关闭冷机的运行，以节约能源。

（4）空调通风及输配系统运行调适

空调通风及输配系统运行调适涉及对空调水系统调适、室内温湿度调控、气流组织、空调机组和通风系统的形式优化和运行参数调节等内容。为提高空调系统的节能效率和室内舒适度，在水泵选型、阀门控制、温控器安装、风机匹配、新风量分配、变风量系统静

压设定值等多个技术细节方面均需进行全面核查和调整，如表 5.2-4
所示。

空调通风及输配系统调适技术　　　　　　　表 5.2-4

目标	措施	调适措施
降低输配系统的水泵电耗	水系统形式优化	➤ 核查水系统分区合理性，避免集水管偏细导致水量分配不匀，电动调节阀选型偏小等问题 ➤ 冷冻泵和热水泵应单独设置，避免混用 ➤ 进行分区二次泵系统的控制调节优化
降低输配系统的水泵电耗	冷冻水系统运行参数调节	➤ 核查水泵选型合理性，解决水泵选型偏大问题 ➤ 核查解决多泵并联导致变频泵不出水问题 ➤ 进行一次、二次泵系统的控制调节优化
	冷却水侧水量和水温优化	➤ 核查避免冷却水从风机不运行的冷却塔旁通 ➤ 核查冷却塔风机和冷机对应关系是否错误 ➤ 核查避免冷却塔溢水等问题
空调及通风系统合理运行	室内温湿度及末端调节	➤ 合理设定房间温度，避免温控器装反等问题 ➤ 及时清洗风机盘管过滤网 ➤ 防止空调凝结水破坏装修
	气流组织和风量分配优化	➤ 优化气流组织，避免吊顶回风导致温度分布不匀、厨房休息区串味、楼层新风量分配不匀等问题 ➤ 优化新风口接入位置，避免从机房取新风等问题
	空调机组高效运行	➤ 核查送回风机不匹配、并联排风机空转、变风量系统静压设定不合理、局部阻力过大等问题 ➤ 进行变送风温度节能控制 ➤ 避免风机启停控制不合理导致能耗增大

5.2.3　基于平台的运行优化调控技术

通过建筑碳排放智慧监管平台优化建筑及系统运行过程，实现对
建筑的精细化管理，是建筑碳排放智慧监管平台建设的基本目的。平
台为建筑低碳运行优化提供了大量实际数据，总体上可分为两类：一
类是静态数据，包括建筑的基本信息、碳排放源信息、用能系统信息、
碳汇信息等，用于描述建筑的基础特征和低碳潜力；另一类是动态数

据，包括室内外热湿环境数据、室内外空气质量数据、建筑能源消耗数据、碳排放数据、用能系统运行数据等。运行中，通过分析以上数据，可以从多维度识别建筑运行过程中的问题，挖掘建筑低碳运行潜力，如表 5.2-5 所示。

基于建筑碳排放智慧监管平台的建筑运行优化调控技术　表 5.2-5

技术方向	主要措施
用能系统监测	基于平台对制热系统和制冷系统工艺流程等各部分用能系统数据的动态显示，实时掌握现场状况、系统各设备的运行状态、运行参数等信息。结合现场的监控平台，实现对冷热源系统的监测与评估
系统能效评估	通过平台进行能耗总览、分项能耗统计、节能分析、能源审计等，并将数据与标准值、历史同期值进行对比，多角度全方位分析，为系统进一步节能调控提供依据
用能负荷预测	基于建筑历史运行数据，建立用能负荷预测数据驱动模型，并以用能负荷预测结果为基础，确定系统最优运行工况，制定最佳运行策略，达到系统高效运行的目的
碳排放评估	对比国家/地方碳排放标准、同类型公共建筑碳排放强度和建筑自身同期碳排放强度，分析碳排放变化趋势，提高建筑低碳性能
室内环境评估	分析实时室内温湿度情况、空气质量水平，并与标准值进行对比分析；对特殊区域和人口密集区域，通过温湿度监测反馈情况按需调节，满足特殊需求，避免过冷过热
系统优化控制	基于建筑、系统监测数据及用能负荷预测与对比分析，及时识别建筑运行过程中的异常情况，并进行主动干预、前馈控制，实现建筑运行过程中的动态优化调控

（1）基于数据驱动的负荷预测技术

准确的负荷预测是机电系统节能低碳运行的关键所在。常用的负荷预测建模技术包括神经网络、支持向量机（SVM）及其他数据驱动模型等，在实际工程中选择最优的预测方法是机电系统负荷预测的重点问题。

基于 BP 神经网络的负荷预测是一种利用神经网络学习历史数据的非线性映射关系并进一步对未来负荷进行预测的方法。其神经网络由输入层、隐含层和输出层三个层次组成，每个层次有若干个神经元，每个神经元有一个激活函数和一个阈值，如图5.2-5所示。在训练过程中，该算法通过正向传播和反向传播两个步骤不断修正误差，直到达到预设的精度或最大训练次数。

基于SVM的负荷预测是一种利用支持向量机建立分类或回归模型，从而对未来负荷进行预测的方法，如图5.2-6所示。该算法是一种基于小样本数据的机器学习方法，目标是在样本数据的复杂性和学习能力之间寻求最优解，从而获得良好的推广能力。基本原理是通过求

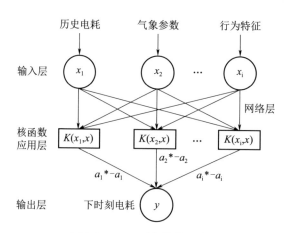

图5.2-5　BP神经网络示意图

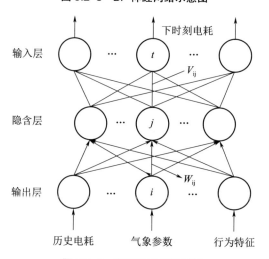

图5.2-6　支持向量机示意图

解凸二次规划问题来找到最优超平面或最优超曲面，将不同类别的数据分开。该算法突出的特点是可以通过核函数将非线性数据映射到高维空间中，从而解决非线性问题，并且使算法复杂度不受样本维数影响。

对于训练样本数据，可采用如下多维数据作为训练特征数据。其中，$E_{d-i,h-t}$ 代表了预测时刻的前 i 天的前 t 时刻电耗数据：

1）预测前一天、前两天、前七天的同时刻电耗数据：$E_{d-1,h}$，$E_{d-2,h}$，$E_{d-7,h}$；

2）预测前一天的前一小时和前两小时电耗数据：$E_{d-1,h-1}$，$E_{d-1,h-2}$；

3）预测前两天的前一小时和前两小时电耗数据：$E_{d-2,h-1}$，$E_{d-2,h-2}$；

4）预测日室外最高温度、最低温度和平均温度。

采用 SVR 回归预测模型时，首先将样本训练数据集进行归一化处理，选择合适的 SVR 的核函数并构造模型进行训练。对预测效果验证和评价通常选用平均绝对百分率误差（MAPE）、平均绝对误差（MAE）、均方误差（MSE）等统计领域衡量准确性的指标，以反映预测值与真实值的误差及其比例。准确的预测模型可有效反映建筑下一时刻的用能特征，当实际运行数据与预测数据偏离时，可能存在设备故障或异常用能等情况，应提醒管理人员及时排查。

预测控制本质上是一种基于预测负荷的最优控制方法，可以提前预测下一时刻的目标值，从而求得系统目标函数的最小值，进而达到对系统运行的最优控制，且预测控制算法对模型要求较低，易于在工程中实现。实际项目中，可利用既有机电系统用能模型并结合历史运行数据，优选一种负荷预测方法，或多种适合算法组合，构成复合数据驱动模型，作为纠偏控制策略实施的依据，如图 5.2-7 所示。

（2）基于负荷预测的系统优化控制技术

在实际工程中，中央空调系统往往不止一台冷水机组，冷水机组的数量会根据系统的负荷状态进行调整，从而可以使机组处于高效运

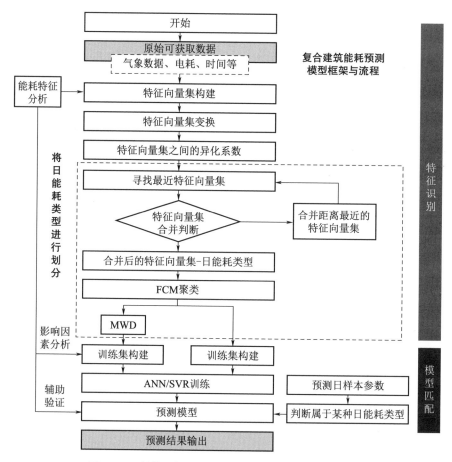

图5.2-7 某基于复合数据驱动模型的建筑能耗预测模型

行状态。建筑负荷的变化会影响冷冻水供、回水的温差,而空调系统的总冷量是根据供、回水温差和流量计算,一般情况下,通过计算系统总冷量是不能准确计算空调负荷的,也就很难有较好的控制效果。通过采集影响空调能效的各方面因素(例如室外温度、室内温度、在室人员数量等)来对空调系统的整体最佳能效进行持续预测,推算出冷水机组在当前情况下最佳运行时所需负荷,进而计算出冷水机组的需求台数及加减载情况,是实现高效运行的一种控制方式。

以既有集中空调系统为主要对象,检测建筑空调系统运行时的相关参数瞬时值，如室内外温湿度、照明设备功率、人数、供暖空调系统的实际运行制冷量与制热量、围护结构热工参数（采用竣工图技术参数与实测数据），当供暖空调系统的相邻时刻实际制冷量（或制热量）偏差在 5% 以内时，该制冷量数据连同相应时刻的室内外温湿度、设备和照明功率、人数、瞬时基础负荷均记录入历史数据库，如此反复生成历史数据库。

基于空调运行于稳定条件下逐渐积累的大量实际供冷供热量数据，结合预测算法，对计算时刻的冷或热负荷的模型不断优化，随着时间推移，预测结果会越来越准确。预测负荷越准确，就可以为机组进行群控、流量控制、压差控制或者温度控制等提供越准确的信号，空调系统就越能进入高能效运行状况。实际运行中，系统嵌入动态负荷计算模块的效果将会更佳。当前已有公司研究相关软件，如公共建筑机电系统能效优化控制软件（图 5.2-8），综合集成基于滚动优化策略的前馈预测控制技术、基于系统多目标优化的能效控制方法，通过"能效设定 – 阈值偏离 – 实时纠控 – 自动寻优"的控制逻辑，实现机电系统长期高效、稳定运行。

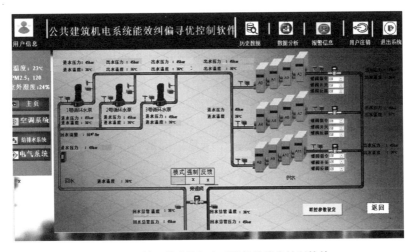

图 5.2-8 某公共建筑机电系统能效优化控制软件

5.2.4　建筑光储直柔系统优化控制策略

建筑光储直柔系统在运行阶段的柔性用电控制策略是实现低碳运行的关键。柔性用电控制策略是根据电网的供需状况，通过调节建筑内部的用电设备和储能设备的运行模式，实现用电功率的主动调整，从而提高用电效率和电网稳定性的控制方法。其关键的功能需求在于：一是利用数据分析和机器学习等方法，预测光伏发电量和建筑用电负荷；二是根据预测结果和电网的实时需求，优化储能系统和充电桩的充放电策略，使光伏电站的发电量和建筑的用电量达到平衡，或者向电网提供有益的功率支持；三是通过智能控制器，实时监测和控制用电设备和储能设备的运行状态，执行优化策略，实现用电功率的柔性调节；四是通过与电网的信息交互，协调用电设备和储能设备的运行，响应电网的调度指令，参与电网的频率调节和电压调节等辅助服务。

光储直柔主要的运行模式包括削峰填谷/经济模式、需求响应、限功率取电模式等，在实际的系统运行中，一般可以根据电网和用户的需求进行自适应或者系统控制的切换。

①削峰填谷/经济模式：根据电价和负荷的变化，调节储能的充放电，实现发电、用电、储电的最大收益。直流侧可以通过无功控制器，对交流侧进行无功补偿或实时功率平衡，优化系统的经济效益。

②需求响应模式：根据电网信号或用户设定，控制储能或负荷增减，实现对交流侧的功率调节。直流侧可以通过有功控制器，对交流侧进行有功调节或功率因数校正，满足电网的短时调节需求。

③限功率取电模式：根据电网的容量限制，对储能充放电和新能源发电进行控制，实现对交流侧的恒定功率取电。该模式下，直流侧可以通过功率控制器，对交流侧进行功率限制或功率跟踪，保护电网的安全运行。

④应急模式：当电网或新能源发电出现故障时，启动储能的放电，为重要负荷提供电力支持。直流侧可以通过电压控制器，对交流侧进行电压稳定或电压调节。

⑤直流侧孤网模式：当交流侧失去电源时，直流侧形成孤立的发－储－配－用系统，实现直流侧的功率平衡和电压稳定。直流侧可以通过直流微网控制器，对直流侧进行功率分配或电压控制，实现直流侧的自主运行。

在以上运行模式中，需求侧响应是一种利用市场化机制，通过调节建筑用电负荷，实现电网供需平衡和用能效率优化的有效方式。如深圳的未来大厦"光储直柔"项目，基于直流配电技术实现了柔性负荷调节，同时，建立了电网直接调控的技术条件，基于楼宇管理系统，构建了建筑虚拟电厂平台，实现建筑需求响应运行，并具备接入多栋建筑进行负荷聚集的条件和紧急调度的技术条件，如图5.2-9所示。

图5.2-9 未来大厦"虚拟电厂"平台界面

　　在与电网的联合调试中，虚拟电厂平台展现出了有效的调节能力。接收到电网的响应功率指令后，平台通过 AC/DC 系统有效地调节直流母线电压，并精确控制储能电池的放电功率，将平均 60kW 的电力消耗在半小时内降低到 28.9kW，实现了 51.6% 的削峰比例，如图 5.2–10 所示。此外，调试过程中，空调系统也展现出良好的调节性能，从平均 40kW 降低到 20kW，削峰比例达到 50% 左右。调试结果显示了虚拟电厂平台和空调系统在电力需求响应中的应用潜力，可为实现更高效、更可持续的柔性用电管理提供借鉴。

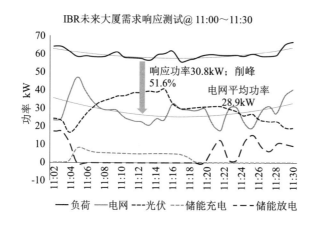

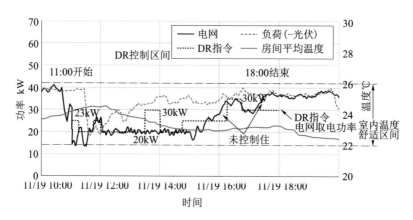

图 5.2–10　未来大厦需求响应测试曲线

（图片来源：中国光储直柔建筑战略发展路径研究项目组）

5.2.5 建筑智慧照明技术

智慧照明控制是一种基于高效照明光源和物联网技术，实现室内光环境智能调节和优化的照明方式。它可以根据使用需求，以及外部环境的变化，自动或远程地调整灯具启闭，并对亮度等参数进行调控，提高室内光环境的舒适性和节能性，包括声控感应、光线感应等现场控制方式及总线回路控制、无线控制、遥控控制等诸多模式。

采用智慧照明技术，可大幅度提升照明效率，降低建筑照明能耗。以某博物馆智慧照明系统为例（图5.2-11），公共场所、展厅、室外照明等采用按时间、照度自动控制的智能照明控制系统；展厅、学术报告厅、数码影院、重要会议室等采用调光控制的智能照明方式；设备机房、库房、办公用房、卫生间及各种竖井等处采用就地设置照明开关控制。通过采用节能灯具和智慧照明技术，场馆的照明能耗比不使用相应技术降低约20%。

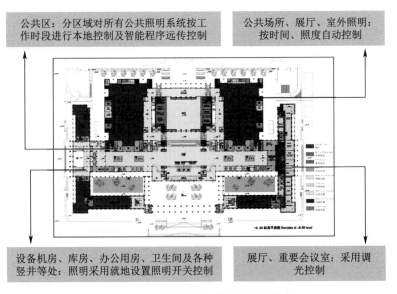

图5.2-11 某博物馆智能照明控制模式

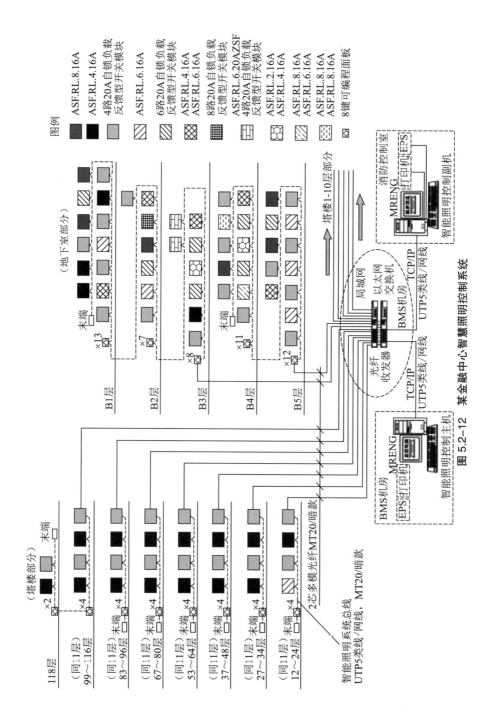

图 5.2-12　某金融中心智慧照明控制系统

在智慧照明系统运行中，能够实现同一功能的运行策略较多，如对于公共区域的灯光控制，可以采取的方式包括就地感应控制、采用楼宇自动化系统远程集中人工管理、采用智能化系统时间表管理、采用专用的照明控制系统智能控制或与其他系统一起配合进行场景控制等。运行过程中，尽量利用天然采光以减少室内照明，依据照明区域、照明时间、天气，以及工作需求，进行照明灵活调节，亦是实现智慧照明的主要措施，如图5.2-12所示。对于办公区域，选择成本较低的就地感应控制方式，往往是经济性、易用性较高的方法；而对于公共空间集中管理需求较高或者用户体验要求较高的建筑，如展览馆、酒店、高档商场等，则需要满足集中管理和场景营造的需要。

要实现更为有效的智慧照明控制，可实时采集和传输建筑内部的人流、光照强度等数据，然后根据亮度分类模型进行判断和分类，以及图形化显示环境信息，来实现室内光环境的智能调节和优化。实施中，可根据不同场合和需求，对各个照明节点进行单独或联动控制，根据舒适和节能原则进行调节，并实现故障告警和远程智能控制，以及通过PC机和App进行人工干预等，满足各种情况下的照明需求，达到智慧低碳运行效果。

5.3　典型案例

5.3.1　兰州新区中建大厦项目1号办公楼

（1）项目概况

兰州新区中建大厦项目1号办公楼位于甘肃省兰州新区。该项目为甘肃省首栋超低能耗建筑，总建筑面积2270.01m^2，地上3层（局部4层），框架结构，体形系数为0.31。该项目于2018年获得"被动式超低能耗建筑（设计）"标识，并于2020年投入运行，被中国建筑节能协会评为"华夏好建筑"（图5.3-1）。

图 5.3-1　兰州新区中建大厦项目 1 号办公楼

（2）低碳技术应用

兰州新区中建大厦 1 号办公楼根据建筑自身特点，因地制宜地采用绿色低碳技术，包括高性能围护结构技术、地道风技术、太阳能＋空气源热泵供暖技术、光伏储能一体化技术、建筑智能监测技术等（图 5.3-2），为建筑创造良好室内环境的同时降低建筑碳排放。

图 5.3-2　低碳节能技术

①高性能围护结构技术

高性能建筑围护结构能够有效降低建筑物的热量传递和热量损失，

降低供暖制冷能耗，对建筑的节能降碳起着至关重要的作用。项目通过提高围护结构保温性能和建筑整体气密性，提高建筑的节能性能。

在围护结构保温技术方面，外墙采用150mm厚岩棉板保温材料，外墙传热系数为0.24 W/（m² · K）；屋面采用120mm挤塑板保温，屋面传热系数为0.23W/（m² · K）；外窗采用铝包木型材三层双中空玻璃，中间填充氩气，整窗传热系数为0.8W/（m² · K），可见光透射比为0.67，太阳能得热系数（SHGC）为0.45。外围护结构采用无热桥设计与施工技术，将隔热垫片埋入保温层的金属构件与基层墙体隔离，当金属构件穿透保温层时，进行密封处理。

在建筑气密性方面，窗框与结构墙面结合部位是保证建筑气密性的关键部位，通过粘贴隔汽膜和防水透汽膜，提高建筑整体气密性；对于穿外围护结构的管道，在预留套管与管道间的缝隙进行可靠封堵，管道穿墙气密性做法示意如图5.3-3所示。采取此气密性节点做法后，经检测建筑整体的气密性N_{50}为0.42次/h。

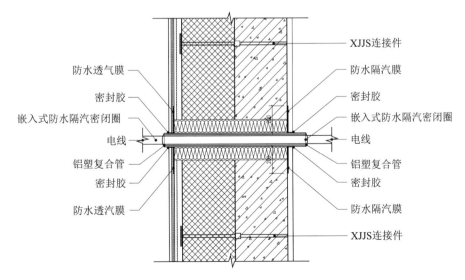

防水透气膜　　　　XJJS连接件
密封胶　　　　　　防水隔汽膜
嵌入式防水隔汽密闭圈　密封胶
电线　　　　　　　嵌入式防水隔汽密闭圈
铝塑复合管　　　　电线
密封胶　　　　　　铝塑复合管
防水透汽膜　　　　密封胶
　　　　　　　　　防水隔汽膜
　　　　　　　　　XJJS连接件

图 5.3–3　管道穿外墙构造做法示意图

②地道风技术

项目利用蓄存在土壤中的地热能冷却或加热室外空气，并由新风机组将处理后的空气送入室内，改善室内热环境。兰州新区由于土壤特性和光照特性，拥有着良好的地热资源，项目设计新风量为4500m³/h，均由地道风系统提供，室外地道风管道共设有4条管线，每条管线长均为30m，管道采用DN300的高纯度球墨铸铁管，管间距为600mm，距地下室外墙为1500mm，距地面为1500～2100mm，均采用直埋敷设，如图5.3-4所示。经实际测试，冬季室外空气通过地道风系统后最大温升为7.7℃，夏季最大温降为10℃，在项目实际运行过程中，地道风系统能够有效降低暖通空调系统能耗和碳排放。

图5.3-4　地道风系统

③太阳能＋空气源热泵供暖技术

项目采用太阳能＋空气源热泵供暖系统，如图5.3-5所示，系统将相变储热式太阳能空气集热器与高效双级复叠热泵结合，实现太阳能助力热泵、热泵梯级利用太阳能的双能组合、高效供暖效果。太阳能＋空气源热泵供暖系统以空气代替水为传热介质，以相变蓄热材料代替水贮存热量，有效避免传统太阳能的冻裂、过热、泄漏、腐蚀、寿命短等问题，系统可在环境温度 −35℃以上高效工作，综合 COP 可达到3.5 以上。

图 5.3-5　太阳能 + 空气源热泵供暖技术

④光伏储能一体化技术

项目采用光伏发电 + 储能技术，如图 5.3-6 所示。在建筑屋顶安装了 70 块 440W 单晶双面光伏组件，单块光伏板面积为 1.94m²，光伏板总面积为 135.8m²，总装机容量为 30.8kWp。储能系统采用磷酸铁锂电池，单体规格为 3.2V/200Ah，采用 1 并 24 串方式组成一个电池模组（76.8V/200Ah），经光伏发电计量装置监测，年均发电量为 33241kWh，光伏发电量占建筑总能耗的比例约为 36%，有效降低了建筑运行碳排放。

⑤基于 BIM 智能监测技术

针对建筑系统特性和用能特点，建立建筑性能监测平台（图5.3-7）。平台除了传统电能监测及展示外，具有建筑外围护保温系

（a）屋顶光伏板　　　　　　　　　（b）光伏系统储能电池

图 5.3-6　屋顶光伏发电系统

统、暖通空调系统、室内环境、太阳能光伏系统等监测及展示功能，还可实现建筑实际运行数据的量化分析，智能识别用户习惯，为高标准的近零能耗建筑运行能耗监测服务提供支撑[67]。

图 5.3-7　建筑性能监测平台

（3）运行效果

　　项目主要用能系统包括暖通空调系统、全热回收新风系统、地道风系统及办公照明系统，同时考虑太阳能光伏发电系统，建筑能源消耗水平为 26.2kWh/m²，低于《民用建筑能耗标准》GB/T 51161-2016 中寒冷地区 B 类商业办公建筑能耗指标引导值 60 kWh/（m²·a）的要求。项目扣除光伏发电后全年耗电量为 59404.5kWh，根据《生态环境部关于商请提供 2018 年度省级人民政府控制温室气体排放目标责任落实情况自评估报告的函》，甘肃省的省级电网平均二氧化碳排放因子为 0.4912 kgCO$_2$/kWh，经换算，项目全年运行产生 29.2 tCO$_2$，单位面积碳排放为 12.9 kgCO$_2$/m^2。从全年运行数据来看，项目运行碳排放处于较低水平，远低于寒冷地区 B 类商业办公建筑能耗指标引导值对应的碳排放（29.5 kgCO$_2$/m^2）。兰州新区中建大厦 1 号办公楼为我国寒冷地区绿色低碳办公建筑发展提供了技术支撑，并起到了示范引领作用。

5.3.2 中新天津生态城公屋展示中心

（1）项目概况

中新天津生态城公屋展示中心位于天津中新生态城 15 号地块内，地处和畅路与和风路交口，建筑总高度为 15m，地上 2 层，地下 1 层，建筑面积 3467m^2，是集展示、销售、办公和档案储存等功能于一体的综合性办公楼，如图 5.3-8 所示。该建筑 2012 年获得中国绿色建筑三星级设计标识、2015 年获得中国绿色建筑三星级运营标识，并荣获 2015 年和 2017 年全国绿色建筑创新奖二等奖。2021 年以"零碳"为目标，对建筑进行了改造提升。

图 5.3-8　中新天津生态城公屋展示中心[68]

（2）低碳技术应用

项目采用多项"主动+被动"绿色低碳技术（图5.3-9），采用高性能围护结构、自然通风、天然采光等被动式节能技术降低建筑的用能需求，并采用高效暖通空调技术、智能照明技术，提高能源利用率，降低建筑能耗，同时利用太阳能热水、太阳能光伏系统等可再生能源技术，实现零碳建筑目标。

图5.3-9　绿色低碳技术

①高性能围护结构技术

项目建筑外墙采用300mm厚砂加气混凝土砌块+150mm厚岩棉保温做法，外墙传热系数为0.18W/（m²·K）；屋面采用300mm厚挤塑聚苯板保温材料，屋面传热系数为0.12W/（m²·K）；外檐门窗、幕墙采用PA断桥铝合金三玻双中空玻璃（双银Low-E6无色+12Ar+6无色+12Ar+6无色），窗框型材做暖边处理，建筑窗及幕墙传热系数为1.4W/（m²·K），东西向外窗综合传热系数为0.39W/（m²·K）[69]。高性能围护结构技术有助于项目降低供热制冷能耗，实现节能减排的目标。

②自然通风技术

合理利用建筑中庭、天窗等，增强热压通风效果。为增加夏季和过渡季节主导风向的开窗面积，经核算外窗和幕墙可开启面积达到66%以上，便于通过外窗直接通风，有效改善过渡季节室内热湿环境[69]。建筑还采用了地道通风技术（图5.3-10），利用浅层土壤的蓄热能力，夏季对新风降温，冬季对新风加热，并在地道风和大厅天窗设置电动控制系统，提高利用自然通风的可操作性。结合屋顶自然通风窗、通风井及大厅地面送风口，将室外自然风引入室内，改善过渡季节的通风效果，缩短入口大厅空调制冷时间约20%，减少入口大厅空调制冷能耗约30%[70]。

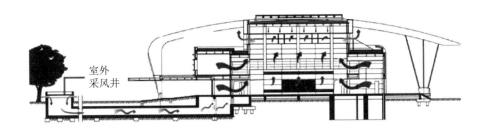

图 5.3-10　地道通风设计示意图[68]

③天然采光技术

根据使用功能及空间需要，建筑采用了大进深的平面布局。为改善地下室及部分大进深房间的天然采光效果，在建筑顶部设置了高侧窗和水平天窗（图5.3-11），并在地下空间设置了3个导光筒，为楼梯间、爬梯出口及电池间提供天然采光，在办公室、交易大厅、会议室、配电间等区域设置了20个导光筒（图5.3-12），充分利用自然光源，有效降低照明能耗。

④高效暖通空调技术

项目采用地源热泵耦合太阳能热水系统进行供冷供热。地源热泵系统选用一台双机头高温冷水地源热泵机组，夏季为建筑提供16℃/21℃的冷水作为建筑冷源，冬季提供42℃/37℃的热水作为建筑热源。地源侧采用双U型垂直式换热系统，室外场地共钻孔44个。太

图 5.3-11　建筑高侧窗

图 5.3-12　建筑导光筒设置

阳能热水系统，一方面满足建筑生活热水的需求，另一方面在冬季可为地源热泵系统冷凝侧提供高温热水，保证热泵机组的高效运行。为实现空调系统的高效运行，系统通过设置智能控制平台实现热泵机组远程控制，能够根据末端负荷进行实时调节。冷冻水泵、冷却水泵设置变流量控制系统，降低水泵运行能耗。

⑤智能化照明技术

项目室内一般照明采用 T5 三基色荧光灯、LED 灯、金属卤化物灯等高效光源[69]。在照明系统节能控制方面，采用分区控制、感应控制、定时控制及调光控制等措施，通过照明控制，充分利用天然采光，降低照明系统能源消耗。建筑照明系统节能控制情况如表 5.3-1 所示。

建筑照明系统节能控制情况[69]　　　　　　　表 5.3-1

区域	照明装置	采光措施	控制策略	控制效果
内走道	LED	导光筒	人体感应	根据人的进入和离开，自动地控制照明的ON/OFF，可以防止忘记关灯
靠窗办公室	荧光灯	侧窗采光	调光+人体感应+门禁	自动探测房间的亮度，进行照明的ON/OFF或调光控制
内办公室	荧光灯	导光筒	调光+人体感应+门禁	自动探测房间的亮度，进行照明的ON/OFF或调光控制
卫生间	LED	侧窗采光	调光+人体感应+定时	由程序定时器预先设定的日程信号进行场景的切换控制
大厅	荧光灯	天窗采光	调光+定时	自动探测房间的亮度，进行照明的ON/OFF或调光控制
设备用房	荧光灯	侧窗采光	调光+定时	自动探测房间的亮度，进行照明的ON/OFF或调光控制

⑥太阳能利用技术

a. 太阳能光伏系统

项目采用建筑光伏一体化设计（图 5.3-13），共安装采用单晶硅光伏组件 1395 块，并应用高效组串式逆变器，降低遮挡对光伏板发电量的影响，光伏发电总装机容量为 404kWp，年发电量约为 25 万 kWh，完全满足建筑全年用能需求。为保障光伏系统运行效果，增加自动与遥控两种模式的智能光伏清扫机器人，及时对光伏组件进行清洗，提高光伏发电量。通过设置储能装置构建微网系统，实现可再生能源的产能、储能、用能的智慧调度和分配，提高可再生能源利用率。

图 5.3-13　屋顶太阳能光伏系统

b. 太阳能热水系统

项目采用间接式、温差强制循环带电辅助能源的太阳能热水系统
（图 5.3-14）。系统采用全玻璃真空管型太阳能集热器，水箱设置于室
内，太阳能热水系统日产水量 1.24m³，全年提供的热水量为 250.57m³，
占全年生活热水需求的 81%，年节约用电量 1.39 万 kWh[69]。除提供
生活热水外，项目还将太阳能热水系统与地源热泵耦合，冬季可为热
泵系统地源侧提供高温热水，提高机组运行效率；夏季可利用热泵机
组冷凝侧余热对生活热水进行辅助加热，实现可再生能源的综合利用。

图 5.3-14　屋顶太阳能热水系统

⑦智慧能源云平台

通过智慧能源云平台开展项目运行策略优化，实现系统智能优化运行与智慧化运维，将光伏、储能、暖通空调系统有机整合，协调优化，构建包含"源–荷–储"的虚拟电厂，通过智慧能源云平台应用提高智慧能源建筑运行与维护的经济性与智能化水平。

（3）运行效果

项目建筑能源消耗水平为 67.45kWh/m²，光伏系统发电量为 72.11kWh/m²，光伏发电量大于建筑运行能耗，为产能建筑，实现了运行阶段零碳建筑的目标。零碳建筑目标的实现得益于被动式技术、智能高效热泵、智能化照明以及太阳能光伏和太阳能热水等技术应用，项目为我国寒冷地区办公建筑和商业建筑的绿色低碳发展提供了优质的案例参考，具有较高的社会效益、经济效益及较强的示范效果。

5.3.3 布鲁克被动式酒店

（1）项目概况

布鲁克被动式酒店位于浙江省长兴县朗诗绿色建筑技术研发基地内，项目外观如图 5.3–15 所示。该建筑共 5 层，一层为大堂，二到五

图 5.3–15　布鲁克被动式酒店外观图 [68]

层为客房，总建筑面积 2445.5m²。项目于 2014 年 8 月投入使用，获得绿色建筑三星级评价标识、被动房研究所 PHI 认证、德国绿建委（DGNB）铂金认证，是我国夏热冬冷地区第一栋按德国被动房标准设计建造的被动式建筑，同时也是我国首个被动式酒店。

（2）低碳技术应用

项目以被动房设计指标为目标，在保障舒适度的前提下，最大限度实现节能降碳。根据建筑自身特点，因地制宜采用多项低碳节能技术，如图 5.3-16 所示，包括高性能围护结构、外遮阳、排风热回收、太阳能热利用等技术，为建筑创造良好室内环境的同时降低建筑运行碳排放。

图 5.3-16　低碳节能技术

①高性能围护结构技术

项目按照德国被动房标准设计，高效保温设计、节点无热桥设计、外围护结构气密性设计达到了被动房标准指标要求，实现了降低供热制冷能耗的目标。

a. 围护结构保温技术。外墙保温采用 200mm 厚 B1 级石墨聚苯板保温材料，并按照规范要求在每层设置岩棉防火隔离带，保证整个建筑防火保温性能，外墙综合传热系数为 0.15 W/（m²·K）。屋面采用 230mm 厚发泡聚氨酯材料，屋面传热系数为 0.10W/（m²·K）。外窗采用铝包木型材三层双中空玻璃，中间添加惰性气体，整体传热系数达到 0.75W/（m²·K）[71]。

b. 节点无热桥。外墙保温系统为了避免锚固件成为热桥，采取特殊"断桥"设计的锚固件，在粘贴完保温板后，采用圆形保温板塞入槽内，封堵因锚固件安装形成的热桥，如图 5.3–17 所示。窗洞口采用无热桥处理，为了保证建筑窗洞口部位具有更好的保温，外窗框尺寸大于窗洞口尺寸，窗框置于保温层之下，杜绝窗洞口部位的热桥。

图 5.3–17　断热锚栓安装示意图[71]

　　c. 外围护结构气密性设计。外门窗窗框、外保温系统以及基层墙体之间采用专用的膨胀止水密封带、成品密封胶带等进行密封处理，有效防止空气渗透以及外部雨水渗入，保证密封效果。窗框室内侧与墙体采用防水不透气胶带封堵，胶带包裹整个定位框，起到气密的作用，窗框室外侧与墙体采用防水透气胶带封堵，起到水密作用。对于穿出屋（墙）面的管道，在管道出口处预留套管，套管与管道之间采用聚氨酯发泡进行填充，同时在内墙采用防水不透气胶带进行封堵，保证管道穿出屋（墙）面的气密性。项目实现了 50Pa 压力下，室内换气次数小于 0.6 次 /h 的目标要求。

　　② 外遮阳系统

　　为降低建筑的夏季太阳辐射得热，结合当地的太阳高度角进行外遮阳设计，南向外窗采用 C 型轻钢铝板材质的外遮阳构件，在保证室内采光符合标准要求的同时，有效降低夏季进入室内的太阳辐射热量，达到降低冷负荷和空调制冷能耗的目的，如图 5.3-18 所示。同时建筑外立面采用外挂陶棒设计，增加建筑整体美观性的同时，也起到了遮阳作用。

图 5.3-18　外遮阳设计示意图[68]

③高效暖通空调技术

布鲁克被动式酒店设计要求单位面积制冷能耗不大于 15kW/（m²·a），单位面积供暖能耗不大于 15kW/（m²·a），项目的空调系统采用带热回收的新风系统加变频风冷热泵系统，空调冷（热）水由变频风冷热泵机组提供，夏季供回水温度为 15℃/20℃，冬季供回水温度为 35℃/30℃。新风系统选用 3 台带热回收的新风处理机组，热交换效率为 69%，通过新风、排风的热交换，将排风中所蕴含的冷热量转移到新风中，实现能量回收。

④可再生能源利用技术

布鲁克被动式酒店项目采用太阳能与空气源热泵机组结合的方式供应生活热水。热水系统优先利用太阳能提供热水，空气源热泵作为辅助热源，当日照不足或遇到阴雨天气时，启动热泵机组提供热水，保证热水供应。系统采用全玻璃真空管型太阳能集热器，集热器总面积为 75.6 m²，2 台空气源热泵机组的总制热量为 43.6 kW。项目充分利用可再生能源，大大降低对一次能源的消耗，综合能耗值满足被动房设计要求。

（3）运行效果

项目运行能耗指标为 71.8 kWh/（m²·a），远低于《民用建筑能耗标准》GB/T 51161-2016 中夏热冬冷地区 B 类旅馆建筑能耗指标引导值 125 kWh/（m²·a）的要求，节能效果十分显著。项目全年耗电量为 175586.9kWh，根据《生态环境部关于商请提供 2018 年度省级人民政府控制温室气体排放目标责任落实情况自评估报告的函》，浙江省的省级电网平均二氧化碳排放因子为 0.5246 kgCO₂/kWh，经换算，项目全年运行产生 92.1tCO₂，单位面积碳排放为 37.7 kgCO₂/m²，项目运行碳排较 B 类旅馆建筑能耗引导值对应碳排放（65.6 kgCO₂/m²）处于较低水平。布鲁克被动式酒店通过高性能围护结构、可再生能源利用等技术实现了低碳酒店目标要求，对我国夏热冬冷地区旅馆类建筑绿色低碳技术的选用具有重要参考价值，并引领了低碳酒店建筑的高质量发展。

5.3.4 广东省建科院检测实验大楼

（1）项目概况

广东省建科院检测实验大楼位于广州市先烈东路 121 号，项目为办公建筑，地上 12 层，地下 2 层，总建筑面积 17342.9 m²，地下建筑面积 4833.4 m²。项目于 2014 年投入使用并获得绿色建筑设计标识，如图 5.3-19 所示。

（2）低碳技术应用

根据建筑自身特点，因地制宜地采用多项低碳节能技术（图 5.3-20），包括自然通风、天然采光、智能外遮阳、智能照明、高效空调、可再生能源利用等技术，为建筑创造良好室内环境的同时降低了建筑运行能耗和碳排放。

图 5.3-19　广东省建科院检测实验大楼[68]

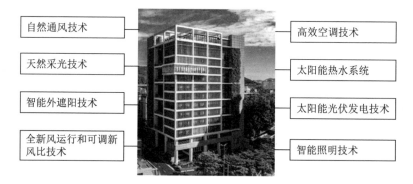

图 5.3-20　低碳节能技术

①自然通风技术

建筑标准层的东、西朝向外窗可根据室外风向设置开启方向，在过渡季通过开启外窗（图 5.3-21），实现自然风东西向对流，改善室内热环境及空气品质，降低空调系统能耗。经模拟，室外新风从东侧的外窗进入房间，并从西侧外窗流出，流出风速约为 0.5m/s，中间办公区域风速较小，在 0.2m/s 以下，室内人员接受度较好。

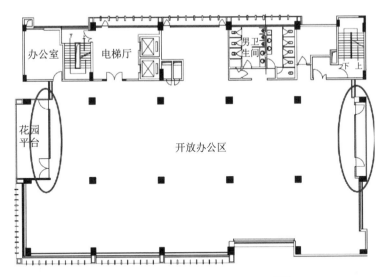

图 5.3-21　标准层东西向开窗示意图[71]

②天然采光技术

项目采用高透光玻璃，部分玻璃可见光透射比高于 50%，使室内可获得更多的天然光，降低照明能耗，经软件模拟分析，建筑室内采光分布较均匀，办公部分有 95% 以上的面积满足采光标准要求。此外，项目在地下车库设置了 2 个采光通风井，改善地下空间采光的同时，还能够实现通风换气；在其他部位设置 5 个导光管，如图 5.3-22 所示，每天可提供 10h 以上的天然光照明，有效降低地下车库的人工照明能耗。

③智能外遮阳技术

智能外遮阳技术不仅可以有效阻挡阳光辐射，降低室内空调能耗，同时还可以根据个性化需求进行调节，实现视觉和热环境的舒适性。建筑西向采用可感应太阳光方向自动旋转的智能百叶，应用面积约为 280m²，南向采用可调节遮阳板，提供多个档位进行手动调节，应用面积约为 850m²，如图 5.3-23 所示[68]。可调节外遮阳能根据室外气象状况和室内人员需求进行灵活调节，有效阻挡直射阳光，防止眩光，创

图 5.3-22　项目采光天井、导光管[68]

造适宜的光线环境，既起到改善采光环境、降低能耗的作用，又营造了"活动的立面"。

图 5.3-23　智能遮阳技术应用

④高效空调技术

项目一至十一层采用变冷媒流量多联式空调系统，空调系统运行可根据各层的使用情况进行调整，新风系统采用全热回收新风空调机组，通过新排风的热交换，对室外送进来的热空气进行预冷，保证梅雨季节除湿效果的同时，实现能量的回收。十二层大会议厅采用全空气系统，并采用了全新风运行和可调新风比技术，在过渡季或室外空气温度允许的条件下实现全新风运行，改善空调区内空气的品质及节省空气处理所需能耗。新风量如果能够从最小新风量到全新风变化，在过渡季可节约近 60% 的能耗。

⑤智能照明技术

项目所有照明灯具、光源、电气附件等均选用高效、节能型设备，提高照明效率。采用智能照明控制系统，通过时钟定时控制、管理室 / 配电室现场手动控制、回路隔灯控制、中控室软件集中控制等方式，对大堂、电梯前室、走道等部分大空间办公区域、大会议厅等公共场所的照明进行自动控制，以达到节能、延长灯具寿命、美化照明环境和方便管理维护的作用。

⑥可再生能源利用技术

a. 太阳能热水系统

项目采用太阳能热水系统为卫生间的洗手盆及淋浴器全天候供应热水，太阳能热水系统为封闭式、间接换热，太阳能集热器采用平板型太阳能集热器（图 5.3–24），集热器安装在屋顶上，集热器面积约为 84m², 系统采用不锈钢保温水箱，水箱有效容积为 7m³, 通过太阳能热水系统为建筑提供生活热水，降低常规能源消耗。

b. 太阳能光伏发电技术

项目车库等公共照明区域要求 24h 不间断照明，针对地下车库公共区域设计了 3 套太阳能高效非逆变光伏照明系统（PV–LED）照明系统，屋顶太阳能光伏安装总功率为 2880Wp，其中太阳能直流电力直接应用于 LED 常亮灯的新型光源和感应控制，为项目的地下车库公共区域照明提供可再生能源电力，有效降低照明能耗，同时节省公共照明

图 5.3-24　太阳能热水系统 [68]

的维护费用。

⑦能耗监测系统

项目空调通风系统、照明系统、其他动力用能系统实施分项计量（耗电分项计量），通过建筑用能分项计量与能耗统计，以直观的数据和图表向管理人员展示各环节能源的使用消耗情况，为运营管理节能控制优化及节能措施制定提供数据支撑。

（3）运行效果

项目主要用能系统包括空调系统、办公设备、动力系统及照明系统等，同时采用太阳能光伏发电系统。项目全年单位面积能耗指标为59.3 kWh/（m^2·a），低于《民用建筑能耗标准》GB/T 51161—2016 中夏热冬暖地区 B 类办公建筑能耗指标引导值 75 kWh/（m^2·a）的限值要求。项目全年耗电量为 1028434.0kWh，根据《生态环境部关于商请提供 2018 年度省级人民政府控制温室气体排放目标责任落实情况自评估报告的函》，广东省的省级电网平均二氧化碳排放因子为 0.4512 $kgCO_2$/kWh，经计算，项目全年运行产生 464.0 tCO_2，单位面积碳排放为 26.8 $kgCO_2/m^2$，项目较夏热冬暖地区 B 类办公建筑能耗引导值对应碳排放量（33.8 $kgCO_2/m^2$）处于较低水平。

6　总结

党的二十大对我国碳达峰碳中和提出具体要求，要有计划分步骤实施碳达峰行动，逐步实现能耗总量和强度调控向碳排放总量和强度"双控"转变，实施城市更新行动，推进建筑领域清洁低碳转型。既有公共建筑运行规模大、碳排放强度高，未来将是建筑领域碳减排的"主战场"和"排头兵"。

既有公共建筑低碳发展主要方向如下：

（1）我国城市建设已经逐渐转向既有建筑存量性能提升的高质量发展阶段，目前，我国既有建筑面积约 700 亿 m^2，其中既有公共建筑面积约 140 亿 m^2。建材生产及运输、建筑运行等建筑领域碳排放占我国全社会碳排放的比例约为 50%，其中建筑运行碳排放占比超过 20%，公共建筑运行碳排放占既有建筑运行碳排放的比例约为 40%。既有公共建筑以 20% 左右的全国建筑面积占比，却贡献了近 2 倍的建筑运行碳排放，其低碳化改造成为建筑领域高质量发展重要趋势。

（2）既有公共建筑低碳化改造需要低碳发展路径规划提供目标引导和技术支撑。既有公共建筑低碳发展以政策引导为主，辅以重点工程示范引领和市场化机制推动。借鉴国内外碳排放计算相关方法，建立了基于多影响因素的既有公共建筑的碳排放计算模型，按照基准、中等控制、严格控制三种情景对我国既有公共建筑低碳发展目标进行预测。以 2020 年既有公共建筑面积为基准，新增建筑面积不纳入计算范围；三种情景下，2060 年既有公共建筑碳排放值分别下降至 4.94 亿 tCO_2、3.58 亿 tCO_2 和 2.41 亿 tCO_2；与 2020 年相比，碳排放降幅分别达到 36%、54% 和 69%。基于"十二五"和"十三五"期间的既有公共建筑改造面积发展趋势，以及改造成本和未来经济增长水平，中等控制情景是我国既有公共建筑未来低碳发展的适宜情景。

（3）为更好地引导既有公共建筑低碳发展，制定了既有公共建筑低碳改造分阶段发展目标，分别是近期（2024～2025 年）、中期（2026～2030 年）、远期（2031～2060 年）。近期，既有公共建筑碳排放由 2020 年末的 7.7 亿 tCO_2 下降为 2025 年的 6.72 亿 tCO_2，整体下降 13%；中期，既有公共建筑碳排放由 2025 年末的 6.72 亿 tCO_2 下降为 2030 年的 5.96 亿 tCO_2，2035 年进一步降低至 5.43 亿 tCO_2，整体下降 29%；远期，到 2045 年基本实现非节能的既有公共建筑应改尽改，既有公共建筑碳排放由 2035 年末的 5.43 亿 tCO_2 下降为 2060 年的 3.58 亿 tCO_2，整体下降 54%。

（4）在分阶段目标引导下，从全国不同地区、不同改造要素等角度，制定了符合我国国情和经济发展规律的既有公共建筑低碳发展路径。形成了以建筑规模、用能结构、能耗强度、碳排因子的"四位一体"低碳发展路径。既有建筑规模控制路径：加大既有建筑低碳改造力度，合理控制新建公共建筑规模；建筑能耗强度控制路径：推进更高能效的节能改造和机电调适，建设更低碳的新建公共建筑；建筑用能结构优化路径：加大建筑电气化进程，加速清洁能源的高效替代；碳排放因子控制路径：推进市政电网绿色低碳转型，开展建筑用能末端柔性化和智能化示范推广。

（5）既有公共建筑由于建造年代不同，相比于新建建筑，在设计方法和应用技术等方面都存在较大差异。在建筑与结构改造设计方面，针对既有建筑现状，开展自然通风和天然采光等被动式优化设计，采用适宜的保温系统和结构加固形式；增强建筑保温隔热性能，延长建筑使用寿命；同时，选用绿色建材、可再循环材料、利废建材等低碳建材。在机电系统改造设计方面，选用更加高效和低碳的暖通空调冷热源机组、输配系统和空调末端等，进行低效率照明灯具更换和照明系统智能化控制改造，增加智慧运维管理平台。在可再生能源利用方面，采用新型碲化镉等高效率光伏产品，在既有建筑场地、屋顶、立面等适宜位置安装太阳能光伏、空气源热泵等系统。

（6）既有公共建筑运行管理是实现低碳发展目标的重点与核心，主要包括运行管理技术和物业管理水平两方面。在运行管理技术方面，提出基于能耗数据驱动的负荷预测技术、基于前馈预测的能效纠偏控制技术，并充分利用建筑 BA 系统和能耗监管平台，实现暖通空调设备、照明设备、给水排水设备、电梯设备等机电系统碳排放的智慧化精准调控。在物业运行管理方面，需要加强物业运行管理团队对于绿色物业管理等制度的学习，做好项目管理评价，提高低碳运维管理意识；每年定期对建筑节能设施设备、节水设施设备等计量器具进行维护和保养，保障设备设施正常运行。

既有公共建筑低碳化发展既需要政府主管部门的积极引导，制定切实可行的既有公共建筑碳达峰实施方案、技术路径、碳排放监管等政策与制度；又需要公共建筑产权人的高度重视，严格贯彻落实国家及地方政府发布的低碳发展政策文件与目标要求，争创低碳建筑、近零碳建筑、零碳建筑、碳中和建筑等示范；更需要设计单位、咨询单位与运维单位针对既有公共建筑提供针对性、落地性、有效性以及低成本的低碳建筑改造技术方案。

参考文献

［1］国际能源署（IEA）. CO₂ Emissions in 2022［EB/OL］.［2023-03-02］. https://iea.blob.core.windows.net/assets/3c8fa115-35c4-4474-b237-1b00424c 8844/CO₂Emissionsin2022.pdf.

［2］欧盟委员会联合研究中心（JRC），国际能源署（IEA），荷兰环境评估机构（PBL）. 世界各国的二氧化碳排放量2022年报告［EB/OL］.［2022-10-14］. https://www.ugreen.cn/digitalPdf？file=https://admin.igreen.org/upload/2022 1025/%E4%B8%96%E7%95%8C%E5%90%84%E5%9B%BD%E4%BA%8C%E6 %B0%A7%E5%8C%96%E7%A2%B3%E6%8E%92%E6%94%BE%E6%8A%A5 %E5%91%8A2022（%E8%8B%B1）-JRC.pdf.

［3］姚春妮，梁俊强. 我国建筑领域碳达峰实践探索与行动［J］. 建设科技，2021，20（11）：8-13.

［4］联合国政府间气候变化专门委员会（IPCC）. 气候变化2022：减缓气候变化报告：需采取全面行动［EB/OL］.［2022-04-05］. https://baijiahao.baidu. com/s？id=1729275173076662341&wfr=spider&for=pc.

［5］清华大学碳中和研究院、环境学院. 2023全球碳中和年度进展报告［EB/OL］.［2023-09-05］. https://www.ugreen.cn/digitalPdf？file=https://admin. igreen.org/upload/20230925/2023%E5%85%A8%E7%90%83%E7%A2%B3%E4% B8%AD%E5%92%8C%E5%B9%B4%E5%BA%A6%E8%BF%9B%E5%B1%95 %E6%8A%A5%E5%91%8A.pdf.

［6］European Commission. 2030 targets EU policy，strategy and legislation for 2030 environmental，energy and climate target［Z/OL］.［2021-12-27］. https:// ec.europa.eu/info/strategy/priorities-2019-2024/European-green-deal_en.

［7］GOV.UK. UKEF commits to going carbon neutral by 2050 ahead of COP26［Z/OL］.［2021-09-22］. https://www.gov.uk/government/news/ukef-commits-to-goingcarbon-neutral-by-2050-ahead-of-cop26.

［8］国际能源网. 全球部分国家（地区）"碳中和"目标及主要举措概述［N/OL］.［2021-03-10］. https://www.In-en.com/article/html/energy2302081.shtml.

［9］METI. Green Growth Strategy Through Achieving Carbon Neutrality in 2050［Z/OL］.［2021-12-27］. https://www.meti.go.jp/english/policy/energy_environment/global_warming/ggs2050/index，html.

［10］美国观察. 美国2050碳中和长期战略规划的时间表与路线图［Z/OL］.［2021-12-27］. https://mp.weixin.qq.com/s/mdbsOBWv6UhDz9sueKD8SA.

［11］李庆红，王亚东，王宇. 我国绿色建筑评价标准与美国LEED对比及启示［J］. 山西建筑，2019（11）.

［12］刘刚，彭琛，刘俊跃. 国外建筑节能标准发展历程及趋势研究［J］. 建设科技，2015（14）：16-21.

［13］法国加快公共建筑节能改造［EB/OL］.［2022-12-27］. https://www.workercn.cn/c/2022-12-27/7682767.shtml.

［14］《低碳发展蓝皮书：中国碳中和发展报告（2022）》发布——健全碳市场的良性发展之路［EB/OL］.［2022-08-19］. https://baijiahao.baidu.com/s?id=1741582015901680449&wfr=spider&for=pc.

［15］Our World in Data. Annual CO_2 emissions by world region［DB/OL］.［2023-05-25］. https://ourworldindata.org/grapher/annual-co-emissions-by-region.

［16］国际能源署（IEA）. CO_2 Emissions in 2022［EB/OL］.［2023-03-02］. https://iea.blob.core.windows.net/assets/3c8fa115-35c4-4474-b237-1b00424c8844/CO$_2$Emissionsin2022.pdf.

［17］Spatial and temporal evolution characteristics and spillover effects of China's regional carbon emissions［EB/OL］.［2023-07-17］. https://doi.org/10.1016/j.jenvman.2022.116423.

［18］国内的碳排放情况［EB/OL］.［2023-06-09］. https://baijiahao.baidu.com/s?id=1768212917149670481&wfr=spider&for=pc.

［19］中国建筑节能协会. 中国能耗研究报告2022.

［20］汤茂玥，李宜真. "双碳"愿景提出的时代背景与价值意义［J］.佳木斯职业学院学报，2021，22（4）：38-40.

［21］央视网. 中央经济工作会议在北京举行　习近平李克强作重要讲话　栗战书汪洋王沪宁赵乐际韩正出席会议［EB/OL］. https://news.cctv.com/2020/12/18/

ARTIAxYb1McERtD17Fs9kOkk201218.shtml？spm=C94212.PicnvwaHy8dW.
S71908.1，2020–12–18/2023–10–20.

［22］新华网.（两会受权发布）中华人民共和国国民经济和社会发展第十四
个五年规划和2035年远景目标纲要［EB/OL］.http://www.xinhuanet.com/
politics/2021lh/2021–03/13/c_1127205564_2.htm，2021–3–13/2023–10–20.

［23］中国一带一路网.聚焦：这个中央领导小组首度亮相，双碳工作迈出"重要
一步"［EB/OL］.https://baijiahao.baidu.com/s？id=1701100550761132895&w
fr=spider&for=pc，2021–5–29/2023–10–20.

［24］中华人民共和国中央人民政府.中共中央　国务院关于完整准确全面贯彻
新发展理念做好碳达峰碳中和工作的意见［EB/OL］.https://www.gov.cn/
zhengce/2021–10/24/content_5644613.htm，2021–10–24/2023–10–20.

［25］中华人民共和国中央人民政府.国务院关于印发2030年前碳达峰行动方案
的通知［EB/OL］.https://www.gov.cn/gongbao/content/2021/content_5649731.
htm，2021–10–24/2023–10–20.

［26］中华人民共和国中央人民政府.国务院关于印发"十四五"节能减排综合工
作方案的通知［EB/OL］.https://www.gov.cn/zhengce/zhengceku/2022–01/24/
content_5670202.htm？eqid=ddffd910000bc66b00000006645de6a1，2021–12–
28/2023–10–20.

［27］陕西公共资源交易服务.中央深改委：审议通过《关于推动能耗双控逐步转
向碳排放双控的意见》［EB/OL］.https://baijiahao.baidu.com/s？id=1771718
077294822909&wfr=spider&for=pc，2023–7–19/2023–10–20.

［28］中华人民共和国中央人民政府.住房和城乡建设部关于印发"十四五"建筑
节能与绿色建筑发展规划的通知［EB/OL］.https://www.gov.cn/zhengce/zhengceku/
2022–03/12/content_5678698.htm，2022–3–1/2023–10–20.

［29］中华人民共和国中央人民政府.关于印发建立健全碳达峰碳中和标准计
量体系实施方案的通知［EB/OL］.https://www.gov.cn/zhengce/zhengceku/
2022–11/01/content_5723071.htm，2022–10–18/2023–11–24.

［30］中华人民共和国中央人民政府.市场监管总局　工业和信息化部关于促
进企业计量能力提升的指导意见［EB/OL］.https://www.gov.cn/zhengce/
zhengceku/2023–02/08/content_5740631.htm，2022–11–02/2023–11–24.

［31］中华人民共和国中央人民政府.国家发展改革委关于印发《国家碳达峰试点
建设方案》的通知［EB/OL］.https://www.gov.cn/zhengce/zhengceku/202311/

1827参考文献

169

content_6913873.htm？dzb=true，2023-10-20/2023-11-24.

[32] 中华人民共和国中央人民政府. 关于印发《财政支持做好碳达峰碳中和工作的意见》的通知［EB/OL］. https://www.gov.cn/zhengce/zhengceku/2022-05/31/content_5693162.htm，2022-5-25/2023-10-20.

[33] 中国建筑节能协会建筑能耗与碳排放数据专委会. 2022中国建筑能耗与碳排放研究报告［R］. 重庆，2022.

[34] 清华大学建筑节能研究中心. 2022中国建筑节能年度发展研究报告2022（公共建筑专题）［M］. 北京，2022.

[35] Zhu J，Li D . Current situation of Energy Consumption and Energy Saving analysis of large public building［J］. Procedia Engineering，2015，121：1208-1214.

[36] Zhu J，Chew D A，Lv S & Wu W. Optimization method for building envelope design to minimize carbon emissions of building operational energy consumption using orthogonal experimental design（OED）. Habit at International，2013（37）：148-154.

[37] Taborianski V M & Pacca S A. Carbon dioxide emission reduction potential for low-income housing units based on photovoltaic systems in distinct climatic regions. Renewable Energy，2022.

[38] Yildiz O F，Yilmaz M & Celik A. Reduction of energy consumption and CO_2 emissions of HVAC system in airport terminal buildings. Building and Environment，2022，208，108632.

[39] Aksoezen M，Daniel M，Hassler U & Kohler N. Building age as an indicator for energy consumption. Energy and Buildings，2015（87）：74-86.

[40] 程杰，梁传志，刘珊，等. 我国建筑节能管理制度实施情况调研与分析［J］. 建设科技，2021（23）：7-9.

[41] 加快碳普惠体系建设，为实现"双碳"目标提供"上海模式"［EB/OL］. https://baijiahao.baidu.com/s？id=1739426563749328223&wfr=spider&for=pc.

[42] 廖虹云. 推进"十四五"建筑领域低碳发展研究. 中国能源，2021（4）.

[43] 宋宝莲. "双碳"背景下我国公共建筑碳排放预测及减排路径研究［D］. 重庆：重庆大学，2022.

[44] 李丹. 公共建筑暖通空调施工要点研究：以湖南赛隆综合制剂生产线建设项目为例［J］. 房地产导刊，2023（15）：151-153.

[45] 葛小榕. 寒冷地区低碳建筑方案阶段设计方法研究［D］. 大连理工大学，

2016.

［46］刘洋. 体育建筑的节能改造［J］. 建筑节能，2011，39（5）：65-67，80.

［47］王志强，张鹏举. "不确定"的遗产再生策略：内蒙古工业大学建筑馆改造
　　　设计再思考［J］. 建筑遗产，2021（2）：112-121. DOI：10. 19673.

［48］潘慧慧，吴磊，管守荣等. 智能照明系统在节能改造中的应用［J］. 集成
　　　电路应用，2018，35（8）：78-80.

［49］张屹. 既有建筑地下车库照明节能减排的探讨［J］. 照明工程学报，2013，
　　　24（4）：48-54.

［50］张露. 山东办公建筑节能绿色改造研究与实践［D］. 山东建筑大学，2021.

［51］黄鹏. 电梯节能改造技术在既有建筑的应用［J］. 电子制作，2016
　　　（22）：29.

［52］彭世仪. 浅析既有建筑电梯节能改造技术的应用［J］. 海峡科学，2014
　　　（6）：92-93.

［53］李跃华. 电能回馈装置在电梯变频器节能改造中的应用［J］. 机电工程技
　　　术，2014，43（8）：161-165.

［54］韩永顺. 空气源热泵供暖现状与技术分析［C］. 2022供热工程建设与高效
　　　运行研讨会论文集，2022：45-50.

［55］单美群. 某办公建筑空气源热泵供暖改造分析［J］. 洁净与空调技术，
　　　2023（3）：51-52.

［56］杜旭. 太阳能空气源热泵耦合供暖系统评价体系探究［D］. 北京建筑大
　　　学，2023.

［57］张昕宇，边萌萌，李博佳等. 建筑太阳能热利用技术研究进展与展望［J］.
　　　建筑科学，2022，38（10）：268-274.

［58］何涛，李博佳，杨灵艳等. 可再生能源建筑应用技术发展与展望［J］. 建
　　　筑科学，2018，34（9）：135-142.

［59］李妞. 太阳能光伏技术在建筑中的应用与设计［J］. 节能，2019，38（12）：
　　　1-3.

［60］田炜，夏麟，安东亚等. 申都大厦的绿色转身［J］. 建筑技艺，2013（2）：70-
　　　75.

［61］明文静，吴蔚. 旧工业建筑改造中太阳能光伏技术应用综述［J］. 山西建
　　　筑，2022，48（6）：167-168，177.

［62］朱一宇，沈宇，朱祥宏. "光储直柔"在改造更新类未来社区低碳场景中的

应用 [J]．建筑科技，2022，6（2）：3-5，8.

［63］吴羽柔，陈维，罗春艳，等．低碳背景下"光储直柔"关键技术研究现状与应用展望 [J]．重庆建筑，2023，22（5）：29-31.

［64］唐桂忠，张广明．公共建筑能耗监测与管理系统关键技术研究 [J]．建筑科学，2009（10）：27-30.

［65］林志明，黄兴，张珂．建筑能耗监测平台构建及实现技术研究 [J]．节能，2014，33（1）：4-7.

［66］狄彦强，李小娜，张振国．某办公建筑机电系统能耗拆分实例研究 [C]．煤气与热力，2018：232-240.

［67］徐伟．近零能耗建筑百佳案例 [M]．中国建材工业出版社，2023.

［68］周海珠，郭振伟，李晓萍，等．建筑领域绿色低碳发展案例 [M]．北京：中国建筑工业出版社，2022.

［69］郑福居，杜涛，魏慧娇，等．中新天津生态城：公屋展示中心绿色建筑节能技术探讨 [J]．建设科技，2012（20）：48-52.

［70］伍小亭．超低能耗绿色建筑设计方法思考与案例分析：以中新天津生态城公屋展示中心为例 [J]．建设科技，2014（22）：58-65.

［71］赵为麒，蒋波，杨曲．夏热冬冷地区被动式建筑技术解析 [J]．住宅产业，2015（6）：48-51.